智元微库
OPEN MIND

成长也是一种美好

突破

鹤老师 著

人民邮电出版社

北京

图书在版编目（CIP）数据

突破 / 鹤老师著. -- 北京 ：人民邮电出版社，
2024. -- ISBN 978-7-115-65203-4

Ⅰ. B804-49

中国国家版本馆 CIP 数据核字第 20242ZY542 号

◆ 著　　鹤老师
　　责任编辑　王铎霖
　　责任印制　周昇亮
◆ 人民邮电出版社出版发行　　北京市丰台区成寿寺路 11 号
　　邮编 100164　　电子邮件 315@ptpress.com.cn
　　网址 https://www.ptpress.com.cn
　　天津千鹤文化传播有限公司印刷
◆ 开本：880×1230　1/32
　　印张：8.5　　　　　　　　　2024 年 10 月第 1 版
　　字数：165 千字　　　　　　2025 年 8 月天津第 4 次印刷

定　价：69.80 元

读者服务热线： （010）67630125　印装质量热线： （010）81055316
反盗版热线： （010）81055315

序言
人生崛起，要靠暴击

为什么你赚钱这么难？因为你在通过技能赚钱。什么赚钱你就学什么，那结果就是一定赚不到钱。

为什么？

因为技能有一个致命的漏洞：它是确定的。

任何东西，一旦是确定的，一旦每个人都知道回报比，那就会有无数的人和你竞争，一直争到你无利可图。这是铁律，没有人可以违背。

大年初一，雍和宫的头香不要钱，你能抢得到吗？

节假日期间，高速公路免费，你回家是快了还是慢了？

当每个人都知道它好的时候，每个人都会跟你竞争，你的竞争对手就会无限多，你就不可能赚到超额利润。

你的赛道，太挤了。

你要不是天资聪颖、天赋过人，绝无胜出的可能。

比如高考，每个人都知道高考是好的，每个人都知道清华大学、北京大学是好的，那么你本科考上清华、北大的概率就约等于0。

再比如35岁中年失业的人，为什么大多是IT大厂的呢？为什么少有清洁工35岁失业？为什么少有建筑工人35岁失业？

因为IT行业的回报高，很多人一毕业就月工资8000元起步，人人都知道这些行业赚钱，那人人都会去跟你抢。

你看似赚到了一点钱，但35岁时你干不动了，加不了班了，熬不了夜了，可是年轻人可以啊。

老板永远有无数的人可以选，新人永远源源不断地涌上来，你的位置永远朝不保夕。

你过去拿到了更高的薪水，今天就得慢慢吐回去。

这个事情，你在进入行业的第一天就应该知道，你在填报志愿的第一天就应该知道。

我再说一遍：任何技能，不管它多赚钱，不管它含金量多高，不管它难度多大，只要它是确定的，只要它有"考试大纲"，它就绝对不可能让你致富。

想都不要想。

真正能让你致富的是什么？

是那些看似无用的知识。

比如体系，比如框架，因为这些知识不符合投资回报比的规律。它们不像那些具体技能一样，人们知道学了3年能拿多少钱，知道考了一个证工资能涨多少。它们没有任何考试大纲，也没人告诉你复习哪几本书就行。

　　它们是不确定的，而恰恰是这种不确定性，帮你把很大一部分对手拦在了门外。

　　太多的人急功近利，太多的人没有耐心，太多的人要求立刻获得回报。他们早早放弃梦想，用时间去换钱。他们不相信知识的折现，他们不相信未来的力量，所以他们的收入上限，从工作的第一天开始就锁死了。

　　人生崛起，是要靠暴击的。

　　也就是你在人生中，至少要抓到一次风口，借助风口的力量产生暴击，才能1年顶过去30年。

　　而对风口的判断，依赖的正是那些看似无用的知识。一个一个原理、一条一条规则，让你看清方向，在混沌当中选对方向。

　　世间最赚钱的，是风险劳动。

　　你若不敢下注，不敢押上全副身家，那你就很难会有超额回报。

目 录 CONTENTS

PART 2 ｜ **看清真相：**
早看清的人早通透

PART 3 | 金钱游戏：财富是对认知的补偿

PART 4 | 思维陷阱：
聪明的人都会避开

PART 5 | 个人品牌：
打造 IP 的底层逻辑

PART 6 ｜ **未来变革:
人工智能带来的机遇**

没有框架，所有的细节，毫无意义。

没有战略，所有的战术，毫无价值。

PART 1

底层逻辑：
先有战略才有战术

改变命运：
没有对错，不叫知识

没有对错，不叫知识。

为啥总有人读了一辈子的书，最后读成了一个废柴？ 说好的知识改变命运，怎么有人是往下改的？

这是因为他们只有原材料，却没有成品。

什么叫原材料？ 砖头，水泥，钢筋。

什么叫成品？ 房子。

如果烧一万块砖头就能自动拥有房子，那还要土木工程干吗呀？

房子最重要的是什么？ 是结构：你想盖几层，钢混还是砖混，地基打多深，大梁用几根？ 以此再反推用什么钢筋，用多少号的水泥，用多少砖头瓦片。

先有目的，再根据目的反向采购，需要什么买什么，不要不计代价地把原材料堆满。

你就是烧一辈子砖头，本质上也只是开了一个砖窑厂。

知识也一样，为什么你读了那么多书，最后变成了废柴？因为你没有结构，你不知道哪些东西是矛盾的。

瓷砖没问题，水泥也没问题，但是你用 525 的水泥贴瓷砖，就会出问题，瓷砖会裂。

这个，才是知识。

没有对错，不叫知识。

你熟读诸子百家，觉得自己腹有诗书气自华，可是诸子百家本身就是矛盾的。

孟子说人性本善，人生而善良；但是荀子说不对，人性本恶，人生来就是丑恶的。

荀子说制天命，人定胜天；但是庄子说不对，要顺其自然，规律的力量不能违抗。

儒家说要施行仁政，不能用严苛的法律；但是法家说不对，只有严苛的法律，才能让大家听话。

儒家说要有家国情怀，要主动担起社会责任；但是道家说不对，我们就要逍遥超脱，追求快乐。

好，你告诉我哪个是对的。

永远记得，没有对错，不叫知识。

知识重要的是精度，而不是宽度。如果不知道往哪儿打，你再填十万发炮弹也没用。

不敢判断，那就是你没知识。

而要判断，就得形成体系，就得知道本质的规律，这样才能在混沌中找对方向。

就好像化学方程式，你不需要穷举每一个实验，你只需要知道基本规律，比如酸和碱会生成盐。明白了这些，哪怕有两个东西你没见过，你也能推出来它们能生成什么。

你看今天很多短视频博主，好像都很牛。但是我问你，为什么两年之前你没见过他们，他们是昨天刚出生的吗？

不是的，他们只是之前看不懂大势，他们的预判能力晚了一两年。

可你看我，从发布第一条视频到现在，5 年时间，700 多条作品，全网 1400 万粉丝；画面没变化，服装没变化，甚至文字风格一丝一毫都没有变化，全网你都找不到第二个，说明什么？

说明我笃定，我在 5 年之前就极度笃定，短视频一定是未来，没有例外。

而做出这种远超同行的判断，用到的正是这些知识。我把它们写进了这本书，你可以一窥我的分析推理过程。

不是说站对风口，猪就能飞起来，而是只有提前占座的猪，才能飞起来。

你提前多久预判结果，你的财富就在什么生态位上。

冗余思维：
到底应该怎么过桥

偌大的百度，171 000 个结果，居然没有一个人答对。这是华为的一道面试题："一头牛重 800 千克，一座桥承重 700 千克，问牛怎么过桥？"

有人说卖掉之后买华为手机，因为华为手机是真的牛；有人说杀掉牛再运过去，反正是运过去；有人说把牛饿瘦了，它就能过桥了；还有人说给牛绑一个氢气球，这样就能减少重量了。

唉……如果百度一下，你就知道，那为什么还有失败的人生？

假如这道题是真的，那我问你，它要考的是什么？是脑筋急转弯吗？

不是啊，这种幼儿园水平就能解决的问题，为什么要当面试题呢？面试题一定是要解决实际问题的，而实际问题是什么？

是那些书本上没有的，你百度 1000 次也找不到的问题；是任何一个老师都没有直接告诉你，但它又是对的的那些知识。

那真正的答案是什么？很简单，就三个字 —— 直接过。

有人说：不可能吧，直接过？ 不会塌吗？

答案是：不会，直接过。

有人还会质疑，可是明明承重只有 700 千克啊？

别废话，就是直接过。

谁告诉你 800 千克的牛过承重 700 千克的桥，桥就会塌？

在"小白兔"的眼里，700 千克就是 700 千克，多一斤，桥就会塌。

真实世界是这样的吗？

真实世界不是非黑即白，不是非左即右，它是充满冗余的。

你的计划再完美，不设置冗余，也一定会挂掉。

你是一个老板，从北京发货到广州，就一定要考虑各种意外，否则出一个问题，你的货物就烂掉了。

你是一个球队教练，就一定要设置替补，否则前锋一旦大腿抽筋，你的球队就必输无疑。

你负责一辆汽车，就一定得搞个备胎。你负责一条流水线，就一定会多生产一些产品备用。你去赶个火车，要提前半小时到站等检票。哪怕你去买件衬衫，衬衫里面都会多给一个扣子。

这些是什么？ 是冗余啊，它防备的是意外情况。

你让所有的东西都精准到 100%，让它精准到一丝一毫都不浪费，那它就一定会脆弱到一碰就塌。

冗余，正是理论和现实最大的区别。

仔细观察，各行各业都有冗余。比如说桥梁设计，标准承重是 700 千克，但是它还有 1.5 倍的安全冗余，即使 1000 千克过去，也没有问题。

因为你总得考虑特殊情况。

你是 700 千克，但是走到一半，对面又过来一个人，桥塌了，算谁的？

你是 700 千克，但是还没过去，后面又跟上一辆车，桥塌了，算谁的？

你是 700 千克，但是今天换了一个胖司机，桥塌了，算谁的？

所谓的 700，只是安全值的下限，700 之内最稳妥，但绝不至于变成 701，桥就会塌。

整个题的隐含条件在于，现实生活中，牛的重量是一个明确的值，而承重量仅是一个范围下限。

两个数字，一个是死的，一个是活的，明白这个，才算明白真实规则。

既然要这么过桥，那就是紧急情况，否则你可以绕过去，而紧急情况就要有紧急的办法。

小孩子才要完美，成年人只看权重。

明白了这个，我们换个题。

一个探险家迷路了，赶到最近的补给站需要三天，可是站里的食品今天就过期了，请问探险家怎么避免饿死？

答案是直接吃啊，怎么会饿死呢？

能分清理论和现实，分清轻重缓急，分清不良后果的，才算是成年人。

等价交换：
追女孩的正确方式

千万千万不要主动追女孩，追女孩是个下下策。

不要去给她买油条、豆浆，不要说"天冷了多加衣服"，不要试图去感动她。

女孩子不会只因为感动就和你在一起，女孩子会因为吸引和你在一起。

她喜欢你，你买油条、豆浆才能感动她。而不是你给她买了油条、豆浆，她才喜欢你。

追，是没有用的。追，只能把自己变成一个"备胎"。

感动，是没有用的。感动，只能让你手机里装满苦情歌。

你会陷入一个无比痛苦的问题："为什么我为你付出这么多，你还是不爱我？"

抱歉，因为你在作弊啊。

追这个动作，是违背爱情的本质的。

爱情是什么？ 是两情相悦，是等价交换。

你觉得她吸引你，那么你也要吸引她才行。

她是一个优秀的人，那么你也得是一个优秀的人才行。

什么叫优秀？你长得高，你长得帅，你身材好，你能力出众，你年少有为。

凭借这些去和她在一起，叫等价交换。

而追呢？

我不优秀，不够高，不够帅，不够好，成绩不好，也没有特长，但我会对你好啊，我可以给你买油条、买豆浆啊，你觉得怎么样？

这个就是作弊：我能不能临时突击一把，让你觉得我很不错呢？

其实可以反过来想，买油条、豆浆这种事，别人是不是不能做？别人是不是买不了？

女孩子不会只因为你对她好就爱上你的。除非她没得选，除非她必须马上找一个人结婚。她只会选她喜欢的，她只会选更优秀的，她只会向上兼容。

所以追女孩子的正确方式，是吸引，是让自己变得更优秀，变成让她想向上兼容的那一位，绝对不是买根油条、买杯豆浆突击一下。对方不领情，你还说人家太物质。

这个世界上，能靠简单作弊获得的，都不值钱。

女孩子喜欢的，一定是那些不能作弊的点。

比如你身材好。

这个很难。你要自律，你要锻炼，你要健身，你要控制饮食。

比如你会弹吉他。

这个也难。你得练习音阶，你得记住和弦，你得一天到晚"爬格子"①。

比如你很会赚钱。

这个也很难。你要承担风险，你要百折不挠，你要用收入证明自己。

这些东西，都不是靠简单作弊就能达到的，所以才有更高的判断权重。

经济学铁律永远有效，所有可以简单超发的，都不值钱。

只有最珍贵的东西，才能换到最珍贵的另一半。你希望遇到一个优秀的人，那请你先变成一个优秀的人。

追女孩的正确方式，是吸引。

---

① 此处指吉他学习中一种基本的锻炼手指灵活度与左右手配合的练习。——编者注

现象与本质：
诺贝尔与经济学奖

诺贝尔设置了那么多奖项，为什么唯独没有经济学奖？

不对，你瞎扯什么？前一阵不刚颁布了一个经济学奖吗？伯南克还获奖了，获奖内容是关于银行的。

你可能对诺贝尔奖有误解，我这么问你吧，北大青鸟等于北大（北京大学的简称）吗？

诺贝尔 1896 年逝世时，留下的遗嘱里只有五个奖项，并不包含经济学奖。

所谓的诺贝尔经济学奖，它的全名是"纪念阿尔弗雷德·诺贝尔的瑞典中央银行经济科学奖"，它并不是诺贝尔的遗愿，诺贝尔家族也对此提出过异议；它是由瑞典中央银行资助的一个奖项。如果是简称，也应该是"纪念诺贝尔的经济学奖"，而不是"诺贝尔经济学奖"。

这个奖从 1969 年开始颁发，随着时间的推移，慢慢被大家当成了真正的诺贝尔奖。

但这其中的区别，就好像北大青鸟和北大的区别。

更有意思的是，在 1974 年，一位诺贝尔经济学奖获得者在领奖台致辞，但他的内容并不是感谢老婆、感谢老师，而是"我不同意设立这个奖项"。

在领奖台上，冠军的获奖感言是"我希望取消这个比赛"，你还见过比这更离谱的吗？

为什么有很多经济学家反对设立诺贝尔经济学奖？

因为很多经济学奖的研究结果是通过实验来论证的，而问题在于，经济学恰恰是不能通过实验论证的。

举个例子，世界上死亡率最高的地方是哪里？

是医院。

那请问你生病了该不该去医院？

当然该去，也就是你既要看到数据，又要看到数据背后的原因。

而这个恰恰是统计做不到的。

首先，人不是工具，不是一个具体的物件，人是有自己的思想的，是有主观意志的，而这些意志是无法被统计的。

你可能刚刚做了一个决定，过了一会儿又反悔了。

你刚打算下单 iPhone 14，突然觉得不如加点钱换个iPhone 14 pro。

你昨天还为了爱情奋不顾身，今天突然觉得自己傻得可笑。

连你自己都反复无常，那经济学家怎么统计？

其次，人对价值的判断是主观的。

现在你喜欢文玩核桃，未来你可能沉迷建盏茶器。

现在你喜欢索尼的连拍，未来你可能喜欢徕卡的色彩。

现在你喜欢重金属摇滚乐，未来你可能喜欢不插电木吉他。

你所有的喜好，都在不停变换；你的价值排序，也在不停调整。

问题恰恰就出在这儿，经济学没有办法做可控的实验，同样的实验你做两遍，结果可能完全不同。

再次，人的行动不存在恒定关系。

真空中的光速 c，牛顿引力常数 G，基本电荷 e，量子力学的普朗克常数 h，这些全都是恒定的，但是它们都不是生命体，它们都不是人类。

人类是怎样的？ 人类是善变的。

你会用 20 年的时间喜欢一个人，但是离婚只需要半个月。

你可以连续吃一星期豆腐脑，但是第 8 天你可能会想来碗热干面。

最后，实证统计看不到那些看不见的数据。

比如洒水车能不能拉动洗车的需求？

可以，但是拉动了洗车的需求，就拉动了经济吗？

没有，因为用户原本用来洗车的钱，可以花在更需要的地方，可能是一件衣服、一顿晚饭、一张电影票。可是因为洗车花掉了，其他地方的需求就消失了。

这些因为洗车而消失的需求，永远无法被统计。

再说一遍，人不是物件，经济学不是实验室，不能用物理学的方法去研究经济学，不能用一个变量去推测另一个变量。你可以观察到数据，但你永远不知道数据背后的动机，而了解这些动机恰恰依赖于对每个个性的尊重，而不是把它们量化为一个数字。

　　方法失之毫厘，结果谬以千里。

环境影响：
儿时伙伴渐行渐远

儿时的伙伴为什么渐行渐远？

你过年回家，一定有这种感受：和发小一起吃了顿饭，从小玩到大的那种，小时候你俩无话不谈，比亲哥俩还亲；长大之后，他留在当地，你去了另一个城市，10年没见了，可再次见面的时候，却怎么也找不回当年的感觉。

就连坐在一起吃顿饭，居然都会经常冷场，冷到你需要快速运转大脑寻找话题，来避免对话时不时中断的尴尬。你甚至觉得这个场景如此熟悉，好像在慢吞吞的电梯里遇到某个你懒得和他打招呼的同事。

怎么了？我们的人际关系怎么了？当年的那个小伙伴去哪了？

回答问题之前，你得知道，什么是朋友。

在一起就是朋友吗？玩得好就是朋友吗？聊得来就是朋友吗？

不是的，有分辨力的，才能叫朋友。

小的时候，大家一起摸龙虾，一起抓蚂蚱，大家在一起很开心，可那并不是真正的朋友。

当你缺少分辨力的时候，所有的人都只能叫伙伴，叫同学，叫认识的人。

你并没有足够的自主意识，你所有的一切都是父母给你安排的、老师给你安排的、周边的物理环境给你安排的。

所有你认为你在进行的独立思考，不过是在一个更大的范围内画框。

你觉得豆腐脑应该加糖，那是因为你生在南方，所有人都是加糖吃的。

你觉得粽子里面不能加肉馅，那是因为你生在北方，所有人都不会加肉馅。

你把观察当成了思考，你把习惯当成了事实；你把环境强加给我的，当成了我自己的独立选择。

那朋友何尝不是呢？

所谓儿时的伙伴，就是在你还缺少分辨力的时候，环境先替你做的决定。环境决定你的初始系统，人的观念只是服务于人的工具。儿时你的大部分想法、观念都不来自你自己，而是环境给予你的。

你只是潜意识里在跟着它走，你还没有自我觉醒，你还不能分辨对错。

真正的朋友，是要自己去结交的。

熟悉的不一定是朋友，接触时间久的不一定是朋友，吃吃喝喝的不一定是朋友，玩玩乐乐的不一定是朋友。

真正的朋友，是千里之外只有你懂我，是跨越时空依然心灵共鸣。

真正的朋友，是世界观、人生观的共振，是君子之交淡若水的长情。

真正的朋友，是灵魂级别的你来我往，是远远瞩目就已足够的淡然。

真正的朋友，绝对不是只在一起抓个蚂蚱，一起钓个鱼、游个泳，一起吃顿饭、喝顿酒。当你逐渐开始脱离环境的限制，一个真正拥有自我的你才开始觉醒。

恭喜你，又长大了。

组织能力：
被人忽视的超能力

为什么人和人看上去差不多，最终的差距居然会拉这么大？

上学的时候看不出差别，这小子跟别人一样，老师教了他3年，也没看出有啥过人的地方，但为什么一进入社会他就这么厉害？

因为你观察的角度错了。

学校里可以测试出很多东西，唯独有一个测不出来，那就是组织能力。

人生最重要的是组织架构能力，而不是单兵作战的技能。

单兵作战的话，每个人看上去都差不多，打个招呼、聊个天、一起上课、一起下课，然后做一下考试题，人与人之间没有太大的区别。

因为它从来不涉及复杂系统，它从头到尾都是自己调控自己。本质上就是一个特种兵怎么变成一个更加优秀的特种兵。

但是一个真正的战场需要的是协同作战，是战略组织，是千千万万的人相互配合、各司其职，为了同一个目标去拼命。

这就是组织能力。

单兵作战能力再强，也有瓶颈上限，而且它对战斗力的提升是线性递增的。可是组织能力不一样，它可以指数级提升战斗力，它可以让一千个人、一万个人通过有机的组合，爆发出百倍于之前的力量。

组织能力，才是拉开差距的核心点。可问题在于，组织能力在学校里是测不出来的。

学校里没有那么多人让你组织，你所有的权力都是老师给的，老师让你当个班委，你就是个班委。

这并不是真正的力量。

真正的力量是什么？

你进入社会后，进入了一个自由竞争的环境，每个人都独立而自主，每个人都在为自己的利益而奋斗，那别人为什么要听你的？

这一万个员工为什么要按照你的说法做？为什么要各司其职？为什么要凝聚在一起？到底有什么好处？

原因只有一个——效率。

也就是只有和你在一起，输出的能量才是最大的，组织才是最有效率的，每个人得到的才是最多的。

只有跟着你走，组织内部的减熵才能达到极致，整个团队才能内耗最小、输出最多，组织才能作为一个复杂的有机体，不停地向外扩张。

如果跟着另外的人走，就没有这么高的效率，没有这么多的利益，留不住这么多人。

世界上从来不缺人，只缺能把这些人高效组织起来的关键性人才。

你仔细想一想，任何一个伟大的商业模式诞生之前，人们是不是一直都在呢？

好，那为什么之前没有这么高的效率？为什么没有这么先进的模式？为什么人们不能凝聚在一起高效输出？

因为缺了一个灵魂人物，没有他，其他人仿佛一盘散沙，只能以最低效率输出。

有组织和没组织，力量可以相差一万倍，多出来的那9999倍，就是那个核心人物的价值。

永远记得，组织能力才是拉开差距的关键。人类的肉体如此渺小，你跑到极致，也不过达到博尔特的水平。

要想有质的飞跃，绝不能在单兵作战能力上不停地提升，而要让组织在架构上有更高的框架。

组织能力，才是真正的"超能力"。

底层认知：
认知是判断力的源泉

"一个人的财富一定和他的认知相匹配，否则这个世界有一万种方式收割你，直到它们俩匹配为止。"

太多的人张口闭口就是认知认知，甚至连成功学都要与时俱进加上这个词。那请你告诉我，什么才是认知？

不要跟我说认知就是对世界的看法和理解，也不要跟我说认知就是把握什么底层规律，这个跟没解释一样。

费曼学习法的一个重要原则就是，如果你不能用自己的话通俗地说出来，那就说明你没理解。

你必须能拿另外一个完全不相干的词来替换它，这样才说明你真的懂了。

好，哪个词呢？

判断。

认知是什么？ 认知就是判断。

你知道什么是对的，什么是错的，你敢为自己的判断能力去下注，你敢为自己的下注承担全部后果，这个就是认知。

你看上去什么都懂，可是什么注都不下，那就是你没有认知。

很多人特别喜欢看专家预测，专家预测来年房价怎么怎么样，专家预测城市规划怎么怎么样，专家预测股票走势怎么怎么样，但是他们都忽略了一点：专家预测，但是专家自己不下注啊。

真正的预测应当伴随着风险共担，否则便只是空谈。

如果你不需要为结果负责，就意味着你的所有预测，毫无价值。

好，明白了认知，那我再问你，什么又叫底层认知呢？

所谓底层认知，就是判断力的源泉。

就是你哪儿来的自信觉得自己一定是对的，你凭什么敢孤注一掷（all in）在某个方向上，你吃了什么熊心豹子胆，居然还要加杠杆去搏。

你力量的源泉到底在哪里？

这个就是底层认知。

很多人都觉得自己有判断力，这是不对的。

那只能叫现象。什么是现象？

就是桌面上有一个小球，如果我快速把下面的纸片抽走，请问小球是往前还是往后还是不动呢？

答案是不动。

这种叫现象，你见过，你背下来了，你就觉得你懂了。

可是只要稍微一抽象，大部分人就会立刻蒙掉。

比如我们换一下：

大型客机在跑道上滑行，可跑道变成跑步机呢？ 也就是这个引擎无论功率多大，飞机相对于地面的位置都不变，那请问飞机还能不能飞起来？

能还是不能啊？ 你倒是说呀。

因为你没有见过，所以你就傻掉了。

什么叫底层认知？ 这个才是。

基础概率：
纽约地铁的读书人

　　一个在纽约地铁里读书的人，请问他是有学问的概率大，还是没学问的概率大？

　　回答这个问题之前，我们先看两个奇怪的现象。

　　有人辛辛苦苦开了个饭店，坚持消费者至上，消费者说口味怎么调整，我就怎么调整，结果生意反而越来越差。

　　有人没日没夜研发了一款软件，拼命搜集用户建议，用户想要什么功能，我就改进什么功能，结果流失的用户反而越来越多。

　　为什么？

　　为什么你明明按照他们说的做了，结果却越来越差？

　　他们在骗你吗？

　　没有，他们说的是实话。

　　那为什么会这样？

　　因为基础概率出问题了。

　　凡事都是要考虑基础概率的，是要被放到一个更大的场景中去考量的，否则你拿到的就是一个存在严重偏差的数据，用它来做决策，毫无意义。

你开个饭店，是有人会给你提建议，但是你别忘了，那些觉得不好吃的人，可能直接就不来了。

你做个软件，是有人会给你填问卷，但是你别忘了，那些觉得你软件难用的人，可能直接就卸载了。

能给你提意见的人，永远是一小部分。你真正要问的，恰恰是那些没提意见的人。

拿偏差的样本来做决策，是要吃大亏的。

比如流行过一阵的中华民国时期的小学生作文，惊艳了很多人，以至于大家说：现在的小学生啊，退步太多了。

不对的，能保留下来的，一定是顶尖的作文，那些普通的作文，根本就没人收集。

再比如 1936 年美国大选，当时杂志根据电话簿调研了 230 万人，数据明明显示兰登会赢得大选，结果呢？ 罗斯福赢了。

为什么呢？ 因为 1936 年电话还是富人的专享，你听不到那些穷人的声音。

再比如我们总说孩子挑食，不吃这个不吃那个，为什么从来不说大人挑食？

因为大人只点他们喜欢吃的啊，叫个外卖还要备注一下不要香菜，外卖拿到手里后还怎么会挑食呢？

关于基础概率，当年有个最经典的例子 —— 加固飞机。第二次世界大战期间盟军想加固飞机，军方统计所有返回的飞机的中弹情况，发现机翼弹孔多，但机身和机尾弹孔少，于是盟军高层的建议是加强机翼的防护。

大家都觉得没问题，但只有一个人反对，是来自哥伦比亚大学的瓦尔德教授，他提出了一个完全相反的观点 —— 加固机身和机尾。

理由很简单：弹孔少不意味着不容易中弹，而是一旦中弹过多就回不来了；机翼弹孔多，还能飞回来，恰恰说明不致命。

结果很多飞行员不干了：我开了这么多年飞机，没有人比我更清楚机翼中弹开回来有多难，你连飞机都没碰过，凭什么相信你？

瓦尔德说：飞机各部位受到攻击的概率，理论上是均等的，但是引擎罩上的弹孔却比其余部位少，那些失踪的弹孔在哪儿呢？ 一定是在那些飞不回来的飞机上。

为了确定方案，军方派情报人员去调查，果然如瓦尔德所说。

这就是基础概率，也叫幸存者偏差。明白了这个，我们就知道为什么战地医院里面，腿部中弹的士兵更多，因为那些胸部中弹的，大多根本来不及送医院就死了。

为什么袜子总是丢一只？ 因为丢两只的时候你不知道它们丢了。

为什么老板这么能挣钱？ 因为那些亏钱的都打工去了。

好，回到开头的问题，请问在纽约地铁看书的人，大概率是有学问还是没学问呢？

重点是什么？ 是纽约地铁。

职业法则：
永远别做职业规划

在计划赶不上变化的时代，还要不要做职业规划？

听我的，不要。

我就问三个问题：

第一，你的专业就是你以后的工作吗？

第二，你所在的公司可以永远不倒闭吗？

第三，公司是为你量身定制的吗？

我们来逐一分析一下这些问题。

第一，你的专业就是你以后的工作吗？

如果不是，那就说明你没有规划的能力。方向你都规划错了，你还规划什么细节？车次你都没选对，座位靠不靠窗有什么用？

大部分人的规划，就类似于包办婚姻。

比如你的专业，当年为什么选这个？

是不是因为你妈让你选，你班主任说这个好，好找工作、包分配，所以你就选了？

再比如这样的婚姻：你不知道这个女孩为什么好，她也没有什么吸引你的地方，但你妈说你俩挺合适，然后你们结婚了。结婚时你对她几乎一无所知，知道的信息就是身高、体重、学历、职业，那你的婚姻怎么可能幸福？

这个时候你说我规划一下，第一年要个孩子，第二年买辆车，第五年买套房。这样你会幸福吗？

第二，你所在的公司可以永远不倒闭吗？

任何行业，都是高效替代低效；有替代，就一定会有倒闭。

MP3 出来，CD 倒了。数码相机出来，柯达倒了。智能手机一出来，传统电子全倒了，连跟科技行业八竿子打不着关系的方便面，都要倒了。

那你说说，什么行业能让你干一辈子？

20 年前有微信吗？ 20 年前有滴滴吗？ 20 年前有短视频吗？ 20 年前有智能手机吗？

你规划得越精细，你的专业性就越强，你的容错率就越低。

你越是针对系统极致进化，就越意味着一旦有一丁点儿变化，你就第一个活不下去。

你一直规划到 65 岁，好，你规划到自己失业了吗？

第三，公司是为你量身定制的吗？

认清自己不是游戏的主角，才是成年的第一步。

你觉得你想打怪升级，可是公司需要吗？

任何的公司结构，一定是冗余的。公司不需要你拼命，一辈子也不需要。任何的公司结构，永远是随便开掉几个人，也完全不影响运行，与此同时也意味着，公司不是你耍个人英雄主义的地方。

你觉得自己能力特别强，万一搞亏了呢？ 你赔吗？

你要是真有那么强，为什么不自己去创业呢？

不敢冒险，就说明你不是第一流的人才。你所谓的规划，不过是在寻找一种安全感，就像你小时候按时上学、放学，按时交作业一样，熟悉而稳定。

承担不了风险，就没有拼命的权利。

永远别做职业规划。要做规划，就做人生规划。

预测未来：
风口的本质是什么

有一句话叫"站在风口上，猪都能飞起来"。但是正如我之前所言，这个世界上最害人的就是这种正确而无用的废话。这句话是 10 年前雷军说的，但是我问你，这 10 年来你抓住了几个风口啊？ 如果听了这句话，你就自认为学到了很多，那么你还处在知识最浅的那个层级。

知识有三个层级。

一个叫常识层，就是百度一下就能搜出来的。

一个叫技能层，就是你要学习 3~5 年或者更长时间才可以达到第一梯队的。

还有一个叫系统层，就是你从造物者的视角来审视整个体系。

大部分人在常识层堆满了各种概念，就觉得自己学到了很多东西。他们不懂得体系，也没有体系的概念，这就导致他们说的每一句话都无比正确，可他们就是不敢投入。他们当然知道要顺势而为，他们当然知道要站在风口上，可是问题在于他们不知道什么是风口。就像一个古代帝王说要"亲贤臣，远小人"。这句话是个人都知道，可是问题在于谁是贤臣、谁是小人。这些东西不会写在脸上，如果站在帝王的视角，你会发现每一个人好像都很真诚，每一个人说的好像都有道理。

知识分子之间容易相互鄙视、相互嫌弃，那谁是对的、谁是错的，怎么判断？这种判断才难，这种判断能力才是真正拉开差距的关键。

先回答一个根本性的问题，风口到底是什么？

费曼学习法中有一个重要的原则，就是能不能用自己的语言表达出来。表达不出来，就说明你没懂。风口到底是什么？有人说是机会，有人说是趋势，有人说是未来，有人说是赚钱。这些都没有触达本质，顶多算同义词替换。风口真正的含义是两个字：效率。我们经常说的风口，是说在那个点进入的效率最高，阻力最小，成功的可能性最大。

举个例子，你想做一个打车软件，把滴滴给打败。请问在今年，还能不能做到？答案是可以，只要你不惜代价，一定是可以做到的。用户用滴滴打车花了 30 元，你说你用我的软件，我不仅不收你钱，我还再返你 300 元；你花了多少钱，我 10 倍返还给你。司机下载滴滴，没有钱拿；你说你下载我的，下载一次，我给你 1 万元。司机用滴滴拉活，挣 30 元可能要被抽走提成 10 元；你说你用我的，我不要你的提成，我再给你补贴 60 元，你拉多少单我都双倍补贴给你。滴滴的高管年薪 100 万元，你说这样，我直接给你 1 亿元，而且预付未来 120 年的薪水，你现在用的银行卡账号是多少？ 收款行你确认一下，我现在给你打到账上去。你只要这么去花钱，你就一定可以把滴滴所有的高管全部挖过来，一定可以把它所有的用户、所有的司机全部抢过来。只要你不惜代价，一定办得到。那为什么没有人这么去做呀？ 为什么不拿这个方案去融资啊？ 因为每个人都心知肚明。做一件事情当然重要，但是更重要的是用什么样的代价来做这件事情。同样是做一个打车软件，你是花 1 亿元、10 亿元还是 1000 亿元，它们是完完全全不同的事情。所以我们说，今天不再是打车软件的风口，就是因为阻力太大、效率太低。你需要把已经被占据的用户心智再重新抢占过来，这个阻力超乎想象。

第二个问题：那为什么 2015 年之前，也没有打车软件的风口呢？

也是因为阻力太大，但这种阻力不是市场占有率的阻力，而是操作的阻力。比如我们看这条 2005 年的新闻：上海出租车可以实现短信叫车服务，市民只需在手机中输入姓名、用车地点、目的地、时间，并且尽可能标注附近有无单行道、从何地进入更方便等信息，发送到指定号码 —— 移动用户发送到 5555×××5，联通用户发送到 21×××5，调度中心就会立即回复短信和乘客核对确认，10 分钟之内就会有一辆出租车赶到指定地点。好，2005 年的时候你家里有车吗？ 2005 年的时候你会开车吗？ 2005 年的时候你知道什么叫单行道吗？ 你知道从何地进入更方便吗？ 你还要记住你用的是移动还是联通，到底是发哪几个数字，然后调度中心再跟你发短信确认，然后10 分钟之内才会有出租车赶到指定地点，那你为什么不在路边伸手拦呢？ 这个就是操作成本太高了。想法看上去很美好，但是它提升的效率相对于它操作的麻烦度可以忽略不计。也就是说，在 2015 年之前，打车软件虽然没有竞争对手，但是它的阻力依然很高，这种阻力是操作成本的阻力。

只有在 2015 年的时候，大家发现移动手机开始普及，人人都有了智能手机，连老头、老太太都会用手机了，人们可以快速精准地用手机定位，而且流量费便宜到可以忽略不计。也就是说，打车软件的基础条件开始成熟，操作成本降到几乎为 0，这个时候你用手机打车，就远远比你在路边拦车效率高。这个时候还没有出现竞争对手，还没有人抢占这个制高点。这个时候才是进攻的最佳时刻，才是打车软件的风口。

风口的本质，是效率。

关系矛盾：
婚姻为什么出问题

婚姻为什么会出问题？因为决策权出问题了。

什么生活习惯不同，什么相处时间太少，什么性格不合，那些统统是表象。婚姻出问题，一定是一个根本性的东西出问题了，那就是决策权。

简单来说就是谁说了算。

这个问题解决不好，婚姻就一定会出问题，无非是在哪一天爆发而已。

熬到第七年，终于坚持不下去了，就此别过，身心解脱。

为此起个名字，叫七年之痒。

外人看得莫名其妙，只有经历过的人才知道怎么回事。

婚姻和企业非常像，看上去是夫妻在一起生活，实际上是夫妻双方共同经营一个企业，只是这个企业的名字，叫家。

你把这个家庭看成一个企业，很多问题就豁然开朗了。

一个企业的决策中枢出问题，那这个企业基本就救不活了。

你看那些经营得好的企业，无一不是决策清晰、执行到位的。

只是这种决策权的实现方式可能不一样，有的是集思广益，就是大家一起商量，大家都讲道理，最终得出一个结论，大家是有共识的，很多互联网企业就是这样。有的是独断专行，员工不需要懂，按老板说的做就行了，很多做销售的行业就是这样；甚至一些高科技企业也是这样，比如苹果，乔布斯就是这样的人 —— 你不要废话，按我说的做，我是对的。

这样也没问题。

可最麻烦的是，有人觉得这样对，有人觉得那样对，谁也说服不了谁，谁也命令不了谁，大家僵持不下，大脑决策权停滞了、分裂了。

大脑出问题，公司就一定会挂掉。

家庭也是一样的，无数地方需要做决策，无数事情需要达成一致。

回家之后衣服应该挂在哪儿，挤牙膏的时候是从中间还是尾部开始挤，上完厕所马桶盖是掀着还是放下去，吃面条的时候要不要吧唧嘴。

不要小看鸡毛蒜皮之事，每天一点、每天一点，积少成多，问题就一定会爆发。

而且还不止这些，小事忍一忍就算了，很多大事达不成一致，会让人心力交瘁。

比如：我妈能不能过来和我们一起住，表妹想借点钱该不该给，家里这点积蓄是买基金还是买房子，生孩子是去公立医院排队还是多交点钱去私立，奶粉到底是买进口的还是买国产的。

如果没有统一的决策权，每件事都够吵上几天。如果双方都觉得自己是对的，都说服不了对方，双方也都不认错，感情就一定会出现裂缝，而且会越来越大。

你观察那些持久的婚姻，其中的决策权无一例外都是清晰的：要么两个人都很讲道理 —— 我们只看道理，谁更有道理，就听谁的；要么有一个人能够完全容忍另一个人 —— 哪怕你不讲道理，我也听你的。总之必须达成一致。

决策权不清晰等于争吵，争吵等于消耗感情，感情消耗完了，婚姻也到头了。

这就是为什么有些人离婚的时候，甚至说不出具体的理由，就是觉得没法待在一起，只要在一起就会烦，就会痛苦，就会胸闷憋气，就会有说不出的压抑。

有这么一部电影，男的吃饭吃到一半，抬起头说："我们离婚吧。"

女的微微一颤："你是外面有人了吗？"

"没有，我就是不想过了。"

很多人看到这一段，会觉得莫名其妙；只有结过婚的人，才知道双方在说什么。

为什么当年奋不顾身的爱情，却经不起婚姻的考验？

为什么当年明明很喜欢的人，结婚之后像变了个样？

因为在恋爱中他们是两个个体，而在婚姻中他们是一个组织。

恋爱是纯粹的，是美好的，是让每个人都开心的；而婚姻涉及决策，涉及利益，涉及话语权的争夺。

当年两个人因为爱情，不顾一切走到一起，步入婚姻后爱情却戛然而止，其实并不令人意外。

因为婚姻长不长久，从来不是看爱得有多深，而是看决策权清不清晰。

寻找伯乐：
贵人为什么要帮你

我们总说贵人相助、贵人相助，但这个角度是不对的，它太自私了。

想让贵人帮你，你得从他的角度想一想，他为什么要帮你，他帮你对自己有什么好处？

贵人为什么要帮你？

成年人是要懂得交换的。你希望他帮你，可你总得想明白，他帮你到底图什么？

你们看起来是完全不对等的，你默默无闻，你是只小蚂蚁；人家鼎鼎有名，人家像参天大树。请问他为什么要给你遮风避雨？为什么？

世界上只有亲爹亲妈会对你好，离开亲爹亲妈，你大冬天睡在街头，都没人问你冷不冷。

好，贵人他为什么要帮你？

如果你去成功学的书籍里找答案，一般是三个字：拍马屁，并且它们要你拍出档次、拍出水平。仔细想想他需要什么，你能帮他做什么，然后不惜一切代价去做。他有脱发困扰，你就天南海北给他找老中医；他想尝点土特产，你就通过各种渠道去帮他搞。

抱歉，这么做是不值钱的，这叫付费购买，就好像购买保洁阿姨的劳动、购买快递小哥的劳动一样。在金钱的层面，人家已经给过报酬了。

既然已经互不相欠了，那他为什么还要再多此一举去帮你？

想和贵人玩心眼，想用讲厚黑学的书"搞定"人家，就太嫩了。

贵人之所以是贵人，就是处事能力远在你之上，人情世故远在你之上，你的所有想法，人家都能一眼识破，只是在向下兼容而已，你还在那边继续演，不觉得尴尬吗？

想让贵人帮你，想让贵人真心实意地帮你，一定是钱买不来的，一定是别人提供不了的。

比如段永平为什么要帮黄铮？

2006 年段永平和巴菲特吃饭，可以带一个人同行，他就带了黄峥。

2007 年黄峥创业，段永平直接从步步高分了一块业务给他，帮他站稳脚跟。

黄峥创立其他公司，一直到 2015 年创立拼多多，段永平都无数次指点、出谋划策，甚至直接出资。可以说，没有段永平，就不会有黄峥的今天。

好，请问段永平为什么要帮他？人家功成名就，不缺钱，不缺关系，不缺资源，什么都不缺，为什么要帮一个默默无闻的年轻人？

因为梦想。

因为眼前的这个年轻人，就像当年的自己呀，聪慧灵敏，胆识过人，满怀理想，想改变世界，不顾一切追寻未来。

看见他，仿佛看见自己；帮助他，仿佛就在帮助自己，帮自己完成当年的梦想，完成未竟的事业，完成未达到的高度。

他只是不想让当年的自己，再遇到当年的遗憾。

人生有限，但精神永存。人家要的，是精神。

这种灵魂层面的惺惺相惜，是普通人无法理解的，是多少金钱都无法购买的，是多珍贵的土特产、老中医都解决不了的。

成为另一个他，才是贵人帮你的唯一理由。

很多人完全学错了方向，学一些鸡鸣狗盗之技，可悲可笑。

挺直腰板，别老跪着做人。

制定规则：
谁在操控你的审美

杨幂能不能改名叫杨腊梅？

不能，你觉得土。

好，那刘诗诗能不能改名叫刘桂香？

也不能，你也觉得土。

好，我问你，土到底是什么？为什么有些东西你会觉得土，有些东西又觉得很时髦？为什么有些很土的东西又会突然变得时髦？比如回力鞋。

究竟是什么，在偷偷操控你的审美？

腊梅象征美丽坚定、清雅脱俗，为什么在你的脑子里，它就等于土？

因为它是你妈妈喜欢的，你妈妈喜欢的，就是土的。

你妈妈喜欢花围巾，你觉得土，你要后现代、黑白风。

你妈妈喜欢《康定情歌》，你觉得土，你要韬韬和坤坤。

你妈妈喜欢挨着大牡丹拍照，你就一定觉得土，你要小清新艺术范儿。

为什么你会觉得杨腊梅土？可能因为你妈妈的每一个围

密，都叫腊梅，不是李腊梅，就是王腊梅，所以一提起这个腊梅，你的第一反应就是上一辈人戴着红围巾在那儿跳广场舞，绝对不行，太土了。

所谓的时髦，其实就是三个字：掀桌子。

我不承认你的审美，我不承认你的体系，我不承认你给我划定的一切，年轻人要自己定规则，我喜欢的，才是好的。

所谓的潮流，不过就是一次又一次的掀桌子。

你玩《仙剑奇侠传》《魔兽争霸》，那我玩《鬼谷八荒》。

你喜欢红木、紫檀，那我就喜欢北欧简约。

你对经典设计爱不释手，那我就只买今年流行的沙漏款。

你们都是错的，只有我，才是对的。

这就是掀桌子，这就是潮流。

为什么年轻人总喜欢掀桌子？

因为超过一个人最好的办法，就是不承认他的成绩。

年轻人之所以喜欢叛逆，喜欢颠覆，喜欢格格不入，就是因为这是对他们最有利的选择。

将来你的孩子也一样，你今天觉得的女神是冰冰，但在他看来，这就是一个一脸褶子的 60 岁大妈，所以他的孩子名字绝对不会带"冰冰"两个字，他觉得土。

明白了这个道理，你再看复古风，为什么有些元素隔了很多年，又重新流行？

因为超出一代人了，时间把它格式化了，孙子们没有见过爷爷辈玩的那些东西，突然拿一个到手里，觉得新鲜，"哎呀，感觉还真不错"。

回力鞋就是这样。

世间本没有土，你爸妈喜欢了，它就变土了。

分清权重：
别动不动就当"上帝"

你就是个普通人，你给我装什么"上帝"啊？很多人之所以赚不到钱，就是因为他们老把客户当上帝。

他们对商业的理解上限，就是"我要拼命对这个用户好，他还有什么不满意的，我尽量帮他做到"。

这说明他们是"菜鸟"，注定挣不到钱。

什么人能挣到钱？能识别不良后果的人，才能挣钱。

这是什么意思呢？做生意是要考虑诸多权重的，你的用户是不是权重最大的？

一个企业从零到一起步，百废待兴，有一万个方面要提升。我当然知道每个都提升比较好，但是我的时间只有一份，怎么办？

所以说，分得清不良后果，才是成年人的核心能力。

用户不满意就不满意，不满意就去别人家，我做产品从来不是只为了让你满意。

敢说出这句话的，才算成熟的企业家。

世界上没有无缘无故的好，没有不需要代价的精致。

每一份好都是要花精力的。同样的精力，你花在这里就花不到别的地方。试图让每一个用户满意，你就没有办法改进你的产品，没有办法提升你的营销策略，没有办法在更大的赛场上获得更大的回报。

别老被什么"用户是上帝"给带偏了，这句话害人无数，几乎快成管理学的一条金律了。

真正的管理是什么？是分清核心权重。

任何时候，最重要的事情都只有一件，就是分清权重。能不能分清核心权重，才是高手和菜鸟的分野。

什么时候用户才是上帝啊？

答案是单个商品的价值足够高的时候。比如那些奢侈品，一个包20万元，一块手表60万元，一辆汽车800万元，一套别墅3亿元。

只有这个时候，你才能把用户当上帝，因为相较于这些高价值的商品，你的时间才是廉价的，你才有足够的精力，不计成本地打磨一切细节。

甚至用户有一点点不满意，你都可以带上全公司的人，去他家里道歉，顺便把地板再给他擦一遍。这些都没问题，因为在这种模式之下，用户满意度的权重最大。

可是你别忘了，这个世界上，大多数的商品是商家给大众消费的，商家拼的不是极致服务，他们拼的是物美价廉，他们拼的是批量生产，他们拼的是降低价格，他们拼的是让用户用一半的钱买到 80% 的品质。

把好的东西普及给每一个人，同样是一种伟大。

这个时候，核心权重是什么？

是便宜。

你想要最好的，那你就多花钱好了；你想要微笑服务、无微不至，那你就去定个总统套房，不要指着小旅馆的老板娘鼻子，说"你怎么不微笑啊"。

大家都是成年人了，一分钱一分货。

绝对不能为了一个挑剔的客户，去无限苛责你的客服。

绝对不能为了一个挑剔的客户，去不计成本提高质量。

绝对不能为了一个挑剔的客户，去领着你全公司的管理层道歉。

商业不拼感动，商业只拼效率。

任何不符合效率原则的生意，一定会倒闭。

任何希望每一个用户都满意的生意，一定会倒闭。

引导说教：
孩子老剩饭怎么办

孩子老剩饭怎么办？

明明吃得完，每次就故意剩一点，他就是调皮，不吃，该怎么办？

我知道你要说什么，"锄禾日当午，汗滴禾下土"，对不对？要珍惜农民伯伯的劳动，对不对？

这个没问题，大部分孩子听了，都会好好吃饭。

可如果你的孩子思路清奇，他突然反问一句，可是妈妈，我们给钱了呀？

你该怎么回答？

他说："农民伯伯是很辛苦，但是我们给钱了呀，我们没有白拿农民伯伯的粮食呀，他多卖了粮食，可以多挣钱啊。"

请问你该怎么回答？

注意啊，他还是个孩子，你不能跟他讲太大的道理，请问你该用什么样的方式说服他，你应该怎么反驳他刚刚那个说法，让他心服口服？

千万别愣，你一愣，孩子就觉得："你看，自己也说服不了自己吧。"

今天我告诉你，怎么跟孩子讲清楚这个问题。

先说孩子。孩子说的有没有问题？没问题，他说得非常对。种田是很辛苦，是让人汗流浃背，可是也确实让人挣到钱了呀。农民伯伯卖你的粮食多，他挣的钱就多，他可以多买点自己需要的，这个是没有问题的。

好，那问题到底出在哪儿呢？

出在了爸爸妈妈身上。

农民伯伯的劳动是劳动，爸爸妈妈的劳动也是劳动，爸爸妈妈拿自己的劳动和农民伯伯换，才有了碗里的那些粮食。

你应该告诉他，这些粮食啊，看上去是农民伯伯的汗水，实际是爸爸妈妈的汗水。

浪费粮食是在浪费爸爸妈妈的劳动。

你看爸爸每天早出晚归，妈妈有时候周末还要加班，为什么？因为需要挣钱，需要养家，需要买吃的，需要买穿的，需要交房租，需要交学费。

好，现在辛苦挣来的钱买到的粮食，你把它浪费掉了，那就等于爸爸妈妈在外面白辛苦了。如果不需要挣这些钱，爸爸妈妈原本可以少工作一会儿，可以早回来一会儿，可以多陪你一会儿，可是现在，不行了，因为被浪费了。

而且这些钱如果不买吃的，还可以给你买小汽车呀，就是你最喜欢的那个，带遥控的。可现在买了吃的，就买不了小汽车了，然后你又没吃，就等于把小汽车给扔了。

昨天没吃，啪，扔了一个车轮。

今天没吃，啪，扔了一个车灯。

明天没吃，啪，扔了一个遥控器。

这么扔下去，一辆好好的小汽车就没了，原本你可以自己玩的，但是被浪费掉了。

看上去是在浪费吃的，实际上也是在浪费自己的小汽车，对不对？

这样他就会明白，节约粮食，是对自己好。

把说教改为引导，把大道理改为小故事，把珍惜他人改为珍惜自己，或许是更好的角度。

敢于放弃：
百度最多只有 76 页

为什么百度最多只有 76 页？

为什么你搜任何一个词，无论有多少结果，网页最多只有 76 页？ 换句话说，最多只呈现 760 个结果，为什么？

你把搜索引擎换成搜狗、换成 360、换成 Google，结果有限是一样的，唯一的差别，是页数不同。

既然没任何人规定，那为什么所有的搜索引擎都齐刷刷地搞一个固定数量的结果？

思考的出发点，应该是公理。

搜索引擎的公理是什么？

是快，是点开就用、用完就走。不能说我今天搜了一个烤鸭，三天之后有人给你来个电话说搜到了，看看有喜欢的没。

用户的耐心极其有限，有时候网页加载超过 5 秒，他们就直接关闭，管你内容好不好呢。

所以搜索引擎的工作速度必须快，最好在 0.0012 秒内找到结果，然后做好排序，将结果交给用户。可难点就在于，它的数据量太庞大了，几千亿的存储量，它的算力再强，也不可能在那么短的时间内全部搜完。

那怎么办？

两个字：放弃。

它不需要找所有的结果，不需要把 1000 亿个结果都拿出来排序，只需要抓一把，这一把抓准就行了。所有的排序，都在这一把里进行，这样一来，效率就会有质的提升。

这一把最多是多少个呢？ 760 个。

搜索任何词语，只需要计算这 760 个结果的排序，就好了。

这就是为什么无论你搜什么，最多都只能翻到 76 页。

这个用专业术语说，叫搜索召回。

永远无须做到 100% 的精准，分清最大权重，就好了。

你说，哎，有点意思。

别着急，接下来要讲的，可没那么有意思。

比如说，那一把如果抓错了呢？

如果它召回的数据是错误的，会有什么后果？

后果就是，后面无论付出多少努力，用多先进的算法，再加上多少修正，不过是在一堆错误的结果里无限精进。

你觉得我在说搜索引擎，不，我说的是你。

你在人生中，有没有第一把就抓错，但是你自己不知道，然后用了一辈子的时间去缝缝补补的情况呢？

权力规则：
草坪到底能不能踩

公园里总有一个标语：爱护花草，人人有责。

踩草坪的人被认为素质低下。可我们要问，为什么呢？

通常说法是小草是生命，要爱护植物。可这个也说不通，因为庄稼也是植物，为什么要收割呢？树也是生命，为什么要伐木呢？

况且草坪也是要被割草机割的，人家长得好好的，要齐刷刷割掉，从爱护植物的角度也说不通。

还有人说踩踏会导致土壤板结，含氧量减少，不利于根系生长。

可我们知道，很多足球场铺的就是草坪，就是专门让人踩的，从植物生命的角度看，公园的草并不比球场的草更高贵。

那为什么球场的草坪可以踩，但公园的草坪不能踩呢？

好像无法自圆其说。

有意思的是，如果你去英国伦敦，你会发现那里正好相反，草坪基本是可以踩的。很多人席地而坐，看书，聊天，喝咖啡，尤其在泰晤士河畔靠近大本钟那段，草坪上全是人。

更有意思的是，你去剑桥大学看一下，情况又变了：那边是有些草坪可以踩，有些草坪不能踩；有些是所有人都可以踩，有些是有一定职位的人，比如副教授，才可以踩。

情况更复杂了。

我们总结一下发现：从生命的角度来讲，草的生命并无高下之分。

从素质的角度来讲，踩草坪不见得素质低下。

真正导致千差万别的，不是生命，也不是素质，而是产权。

无论是什么地方的草坪，无论是谁的草坪，背后只有一个原则：产权人说了算。

就是这个草坪到底是谁的，他想怎么处置这个草坪，综合考量让人踩还是不让人踩，哪个收益更高，产权人有权自行决定。至于草本身，一点都不重要。它只是一种植物，为人所用。

比如球场，铺草坪是为了缓冲减震，这就是草的用处，所以球场的草坪可以踩。

比如公园，铺草坪是为了景致观赏，这也是草的用处，所以公园的草坪不能踩。

本质上是我们想用草来达到什么效用。

能踩和不能踩，看似相悖的两个事情，背后是统一的原则。

我们讨厌踩草坪的人，并不是因为他伤害了植物，而是因为他违反了规则。

世界充满未知，

跑得快从来都不是勤奋。

真正的勤奋，是想清楚该不该跑。

PART 2

看清真相：
早看清的人早通透

社会真相：
无规则竞技比赛场

关于社会的真相，我想告诉你两个消息，一个好，一个坏。

先说好的吧。好消息是，在绝大部分领域，绝大部分人都非常平庸，非常懒，非常弱，弱到完全不需要拼天赋，你稍微努力一下，就可以超过 90% 的人。

坏消息是，你要成为最顶尖的人，想成为那 0.001% 的人，就非常非常难，难到几乎是不可能的，几乎是要命的。

同一个世界里，既有新手模式，简单到你稍微努力一点，就可以甩开大部分人；也有地狱模式，困难到你拼尽全力去争取，都未必能够到达别人的起点。

可是，在进入社会之前，我们往往会被一些错觉误导，产生严重的误判，最典型的错觉，就是分数。

你考了 95 分，他考了 100 分，你们看上去好像差不多，也就只有 5% 的差距。

这就是错觉，实际上，95 分和 100 分的差距绝对不是 5%，而是 100% 甚至 300%。

你之所以考 95 分，是因为你只能考到 95 分。他之所以考

100 分，是因为满分只有 100 分。

整个游戏的故障（bug）在于，它是有上限的。

可如果没有上限呢？如果分数可以无限增加呢？ 200，300，500，1000。如果难度可以无限增加呢？ 难一点，再难一点，再难一点。你会发现，有人还是只能考到 95 分，而有人的分数却在一直涨，丝毫没有停下来的意思。

这个就是真实世界的结构。

很多时候，外表会给我们一个错觉，让我们误以为彼此是在同一水平上的。不都是一个班的吗，不都是一个老师教的吗，不都有两只手、两只眼睛、一个脑袋吗？

不对的，他之所以和我们在一起，是因为他没有选择权，他太小了，没有办法左右自己的生活。所以，我们在同一个物理空间相见。而我们一旦进入社会，一旦有了选择权，分化就开始了，速度快到超乎想象。

在学校里，我们之所以觉得彼此差不多，是因为分数完全没法测出他的上限。

而社会不一样。社会和学校最大的区别在于，前者采用的是无规则竞技。

学校有课程，有考试大纲，有标准答案；而社会没有，标准答案、考试大纲、复习材料全都没有，甚至连分数的上限都没有，没有人知道考试持续多久，没有人知道还有多少题，没有人知道这题到底考你什么，一切都要你自己来判断、来摸索。

因此一进入社会，人和人的差距就会迅速拉开。

有人拼命做到了 95 分，一抬头，第一名有 28 万分。

欢迎来到这个残酷而真实的世界。

但是，令人欣慰的是，更多的时候，我们看到的是好消息。更多的时候，我们不需要极度优秀也可以活得很好。你赚钱，无须赚到比尔·盖茨的财富水平；你踢球，不需要踢成专业球星的成就。更多的时候，你只要稍微勤奋一些，稍微努力一些，稍微自律一些，就能轻松超过周围的一大帮人。

你如果愿意，随时可以冲刺一下；如果不愿意，也不会比其他人更差。

下有底，上无顶，随时可以挑战极限。

所以，加油吧。

勤奋真相：
对不起，这不是勤奋

很多人理解的勤奋就是在跑道上比赛，有统一的规则、统一的裁判，谁跑得快谁就得第一。

对不起，这不是勤奋。

因为压根不应该有跑道这个东西。真正的规则，应该是无规则。

你不知道应该怎么过去，到底是跑过去，还是打个车或者坐个飞机，没有人告诉你。

你也不知道能不能打到车，能不能找到飞机，你也不清楚这些方式能不能让你过去，你甚至都不知道目的地到底是真是假。

一切都是未知，在虚空之中做架构，才是最难的。

沙漠里面迷路的人，最难的是不知道方向，忍饥挨饿好几天，拼尽最后一口力气，却走到了沙漠腹地。这种情况才是最让人绝望的。

而一旦弄到一个指南针，哪怕一路都喝骆驼尿，也不叫难。

有方向、有规则，别人给你设计好的路，从来都不难走。

比如上班，朝九晚五挤公交，应对客户累成狗，但一点都不难。

公司就是一个放大版的学校，有人给你布置作业，有人定期督促学习，周末还偶尔搞个班会。

你从一个温室，到另一个温室而已。

勤奋，从来都不是线性的。

人类进化出一个极度耗能的大脑，就是为了避免和动物在线性层面上比拼力量。

真正的勤奋是思考，是决策，是对不确定的未来慎重选择，是敢于承担所有出错的后果。把第 0 步想得清清楚楚，而不是沾沾自喜我可以日夜兼程 10 万步。

造一个飞机难不难？ 难，航空发动机是工业文明的顶尖瑰宝，它需要极端可靠，来应对各种天气、各种温度、各种环境。尽管原理非常简单，但是造起来非常非常难。可这是不是最难的呢？ 不是。

最难的是，当一个文明体在没有见过飞行器的时候，确定把它造成什么样子，比如该不该有翅膀，发动机应该长什么样，燃料应该用什么，复杂环境该如何应对。更要命的是，它不知道以其当下的工业水准，会不会花了无数时间，投入无数精力，却发现根本造不出来。

挣钱也一样啊。经常有人抱怨："我累死累活一年才赚几万元，隔壁老李就买了套房子，啥也没干房子就涨了 20 万元，太不公平了。"

搞错了，人家之所以买房子，就是因为不想和你在升职加薪的赛道上线性比拼。

如果买房就是捡钱，你自己为什么不去捡？

因为你很清楚是有风险的，风险是一把刀，掉下来是要命的。

所谓的不公平，只是你看到了结果，然后拿结果去反推。彩票都刮完了，你说我不要了。

世界充满未知，跑得快从来都不是勤奋。

真正的勤奋，是想清楚该不该跑。

解决问题：
什么是高阶的辛苦

要不要来一碗蚯蚓？ 生的、刚挖出来的那种，跟筷子一样，不加油、不加盐，直接吃。

一天吃一碗，连吃一星期。

你问我为什么要吃是吧？

我忘了告诉你前半段了。

事情是这样的，你是主人公，然后在坐船的时候出事了，漂流到了一个小岛上。

你用手机仅有的一点电发了条短信，告诉了别人你的坐标，然后你收到了回信，一星期之后会有船来救你。但这一个星期，你得自己解决食物问题。

请问，你能不能把蚯蚓吃下去？

可以对吧？

是个人都能扛过去。不过是恶心一点，就吐两口嘛，咬咬牙，扛一个星期就好了。

你说这个事难不难？ 难，但是没有那么难，因为它是确定的。当一个结果确定时，你再怎么咬牙获得它都不能叫辛苦，只能叫按部就班。人的本能是追求确定性，厌恶风险，喜欢一切都有答案。

可是如果结果不确定呢？你发现完全没有信号，完全发不出去消息，你不知道会不会有人看到你，不知道会不会有人经过，不知道自己到底能不能获救。

这个时候，你发现唯一可以吃的是蚯蚓。

请问，你还要不要吃？

要吃几天？三天，五天，一个星期，一个月，还是一年？

你吃的意义是什么？你为什么要一口一口地往下咽？你吃到最后有结果吗？你怎么知道一定会有人救你？

如果最后的意义都不清楚，那么你每一步的努力，到底是为了什么？

这种环境之下，还能坚持一口一口地吃下去，坚定地相信明天就有希望的人，才是真正能吃苦的人。用内部的确定性应对外界的不确定性，不管你拿到的牌有多糟糕，基于现实条件的解决方案都一定存在。

低阶的辛苦，是肉体；高阶的辛苦，是心灵。

搜索引擎：
人生要像搜索引擎

这套方法论，是我送给所有毕业生的。

哪怕你是一个普通人，出身寒门、没有贵人、没有人际网络、见识不多、没有原始积累，学会这套方法论，也依然可以让你的人生达到一个新高度。

记住这句话：向搜索引擎学习。

搜索引擎是什么？一个机器算法而已，它没生命、没感情，连自己的思维都没有，但它为什么能找得这么准？如何向它学习？

第一，你要有高权重的节点。

了解任何一个行业，都应先找几个头部的标杆，把它们设置为高权重。当你需要做判断的时候，先看一下它们的说法，再相互佐证，这样就可以把决策准确度提高一个档次。

你看搜索引擎就会手动设置几个初始节点，比如一些官方网站，比如高权重域名，有了这些，就有了判断依据。

第二，你要有反向信任机制。

人是会作弊的，一个人怎么说自己，不重要；周围的人怎么说他、怎么看他，这才重要。他有什么朋友，他朋友都是什么人，他朋友都在做什么，这些才是核心，这些东西是他没法作弊的。

越难作弊的，权重就越高。

你看搜索引擎，百度有超链分析，谷歌有网页排名（page rank），它们都是通过其他网站来间接判断的。

第三，你要有框架机制。

世间有两种事情，一种是可以通过提升熟练度去精进的，这种叫细节；另一种是需要在第 0 步就极度确定，中途绝对不能更改，一改就会前功尽弃的，这个就叫框架。

框架比细节重要 1 万倍，凡事先把框架想清楚，再去全力以赴，别上来就干。

你看搜索引擎，它有一个召回机制，比如为什么百度搜索结果最多只有 76 页？因为无论你搜什么词，它都会去先抓一把，这一把就是 760 个结果，所有的排序都在这 760 个结果里面精进。

框架，就是它抓的那一把。如果你抓偏了，再怎么微调，都毫无价值。

第四，你要放弃完美主义。

完美是效率的敌人，你永远做不到百分之百。如果你觉得做到了，那么你的时间一定是不完美的。

经济学原理教导我们要取舍，用最小的代价换取最多的东西。

搜索引擎有没有误判？ 有，但是一般不重要。你永远无须做到100%正确，你永远只需要把误判压制到一个很小的范围内，比如0.01%。

第五，你要持续升级。

任何方法都只能适应特定的环境，一旦环境本身发生变化，就会出现错误反馈。这个时候你就要反思，到底是方法错了，是执行错了，还是特定条件不成立了，要找到原因并持续升级。

就像搜索引擎，一旦发现不良体验（bad case），它就会反向追溯，一步步查找，定位问题，升级算法，永远保持道高一尺、魔高一丈。

机会的真相：
机会从来不看日历

"韭菜"都有一个特点，他们特别喜欢问这样的问题：今年有哪些机会，今年做什么好，今年干点什么能挣钱。

注意：时间单位永远是年。

有这种提问习惯的人，十有八九是"韭菜"。

就好像有个人问你，有没有啥事，是做起来不辛苦、投入少还能赚钱多一样。

"镰刀"做梦都会笑出声来。

但凡你有独立思考能力，就会明白，这种问题压根不用问，因为机会从来都不是按年出现的。

真正的机会是趋势，是方向。

它的出现可能是以 3 年、5 年，甚至 10 年、20 年作为一个单位的。

它没有一个最优解，也没有一个最差解；任何时候都可以进去，任何时候都有不同的解法。

可是很多人就是喜欢，他们觉得自己离成功就差一个消息，最好还能完美卡点。之前从来没有，今年突然来的，就等我去，去了就会做，做了就能够赚。就像赶火车一样，前脚刚收，后脚关门，多一秒我都不能等。

不好意思，年月日根本不重要。

学过历史吧，这么多人读了这么多历史，为什么在实际生活中，历史知识没有什么实用价值呢？

因为，他们往往只记住了类似年月日这些表面的细节。

比如说美国南北战争是哪一年爆发的？

他们不假思索地回答1861年4月12日。你要说成4月11日，他们会得意扬扬地说你错了，还拿本书指给你看。

可你仔细想一想，早一天晚一天是最关键的部分吗？

历史是结果，不是原因。历史是无数必然中的偶然，你记住了偶然的时间点，却忽略了必然规律；你记住了具体时间，却忽略了是什么推动了这个时间的到来。

学习历史，不应只看日历上的数字，而应深入探究其中的规律与逻辑。

你真正要关心的，是来龙去脉，是力量的博弈，是趋势和方向。抓住这些，你才是抓到了关键点；至于它会在哪一天发生，根本不用关心。

你只需要知道，它一定会发生，这就足够了。

年月日根本不重要，机会不看日历，"韭菜"才看。

如何选老师：
学习的诅咒是什么

什么是学习的诅咒？

就是如果你需要学，就说明这个行业你不懂；可问题在于，如果你不懂，你就不知道去跟谁学。

这才是整个学习过程中最大的问题，绝对不是其中的细枝末节。

学习的第 1 步，是听老师的。

学习的第 0 步，是选对老师。

大部分人觉得学习难，并不是因为不够努力，而是因为他们分辨优秀老师的技能几乎是 0 分。

学校和社会是两个赛场。

学校里面，所有老师都是确定的，你只需要管从第 1 步学到第 100 步，你不需要管这个老师教得对不对，不需要管他教得好不好。就算你不喜欢他，你也得跟他学，你也不能换班。

所以这个时候你所有的努力，都集中在如何消化这个老师讲的东西上。

然而，在进入社会的一瞬间，规则就彻底变了，可是大部分人都对此毫无察觉。

进入社会之后，学习就不是第一位的了，因为在做这个动作之前，你还要了解一个更底层的规则，那就是怎么知道哪个老师更好。

学之前不会选老师，学的路上就会吃尽苦头，这就是第 0 步的重要性。

可问题在于，当你去选的时候，你发现信息过剩了 —— 无数的老师，无数的方法，怎么挑？

记住一个原则：体系有框架，实操有效率。

所谓框架，就是在你走迷宫的时候别人偷偷塞给你的一张航拍图。有了这个图，你才知道走每一步是为了什么，你的每一个行动才有了意义；否则你就像一个新司机，只知道跟着导航走，左拐右拐，左拐右拐，然后到地方了。

具体是怎么走的？ 不知道。

你看很多教你使用 Photoshop（PS）的书不都是这样吗？比如 46 步教你 P 出这样的效果，从第 1 步到第 46 步，清清楚楚、事无巨细。可问题在于，你永远不知道为什么要从第 1 步到第 46 步，为什么是这样的顺序而不是另一个，为什么第 6 步和第 13 步不能互换。结果就是，看上去每一步你都懂了，可你就是不知道自己在干什么。

书一合上，你就傻眼了。

没有框架的老师，不是好老师；但只有框架也不行，还要有效率。

学校里的老师和社会上的老师是不一样的。

学校里的老师讲得慢，他要考虑到全班的进度，他要照顾到成绩最差的那个学生，使得整体可以按同样的速度推进学习。

学校是一个流水线，是按最低标准去兼容的。

但是社会不一样，它不需要考虑兼容问题。对社会上的老师来说，效率才是第一位，如何用最简洁的语言讲清楚最复杂的问题，如何化繁为简、举重若轻，把 1 分钟当 40 分钟用，这个才是功力。

复杂的，往往是不对的；简单的，往往才是好老师。

学会第 0 步，才是赢在起跑线。

鸡娃背后：
鸡娃还不如鸡自己

为什么你只听过"鸡娃"[①]，但从来没有听过"鸡父母"呢？

从来没有孩子对爸爸说："爸，你这个业绩不行啊，人家小你两岁都混成你领导了，你这回家还能有心思刷手机呢，我要是你，睡都睡不着，你看这个老师的培训班，我觉得挺好，报一个呗。"

也没有孩子对妈妈说："妈，还有心思在这儿敷面膜呢，敷了这么久，也没见皮肤好多少啊？ 摘了摘了，来，背背 GRE 的单词，先干两万个再说，成天看那连续剧，有用吗，能给我买学区房吗？"

你猜猜，孩子要这么说，会挨几个巴掌？

为什么没有"鸡父母"？ 因为父母掌握了话语权啊。

为什么大人不挑食？ 因为他们自己就有选择权啊。

他们不成功，他们需要孩子替他们成功。

[①] 鸡娃，互联网流行用语，指家长像"打鸡血"一样督促孩子学习。——编者注

他们也不拼，他们需要孩子替他们去拼。

他们不是想让孩子有一个好的前程，他们只是想要一个有好前程的孩子。

你反过来想一想，为什么一定要孩子奋斗呢？

教育的终极目的是生存，你多挣点钱，给孩子买套房子，他毕业之后，不就超出同学一大截吗？ 你再多挣点钱，到他创业的时候，你给他 200 万元的启动资金，不也行嘛？

为什么一定要孩子去拼呢？ 你也可以继续拼啊，任老（任正非）43 岁开始创业，褚老（褚时健）75 岁开始种橙子，你为什么就不行呢？

不要输在起跑线上，可谁告诉你只有孩子在比赛啊？ 谁告诉你必须孩子自己去拼命跑啊？

你看那些世家的传记，无一不是几代人不懈努力，才一点一点取得后来的成就。

从来没有只属于一代人的竞争，这才是正确的世界观，这才是正确的认知。

为什么这些父母自己不"打鸡血"啊？ 为什么不每天早上 5 点起床，用凉水洗个澡，再跑个 5 千米回来看书，挤地铁的时候再背两万个单词？

因为他们懒啊，他们可以假装很辛苦啊，他们可以假装很努力啊。假装努力是这个世界上最简单的事情：爸妈都这么"辛苦"了，你还想让我们怎么样？

他们不知道，因为假装所以害了孩子。正是这些言行不一，让他们的孩子补多少课、上多少补习班，都无法成为一个优秀的人。

你会假装，你的孩子也会假装。

他没有话语权，他也没法跟你顶嘴，但是，他可以假装。

要知道，真正影响人生的那些要素，绝对不是课本里学到的，而是潜移默化习得的。

父母无形当中的那些言语、那些行为、那些为人处世的方式，是无形中一点点刻画给下一代的。

父母脾气暴躁，孩子大多脾气暴躁。

父母缺乏毅力，孩子大多半途而废。

父母喜欢找借口，孩子失败时也有一堆理由。

可是这些影响如此轻微，以至于双方都意识不到它们的存在。

当年美国人调研了两万名儿童，他们想知道孩子的成绩到底跟什么有关、跟什么无关。

结果他们发现：搬到更好的社区，经常带孩子去博物馆，每天让孩子读书，这些因素都对孩子的成绩没有太大影响。

真正有影响的，是他们父母的成就和行为。

换句话来说，你孩子会成为什么样的人，不是你对他做了什么决定的，而是你自己是个什么样的人决定的。

你能否自律、能否刻苦、能否百折不挠、能否极度专注，决定了你孩子能否成为这样的人，绝对不是几个补习班能解决的。

永远记得，任何可以简单作弊的，都没有用。

别老想着让孩子当"鸡娃"，有本事，"鸡"一下自己。

杠精真相：
越无能越喜欢抬杠

越无能的人，就越喜欢抬杠。

你去观察网络上的那些大喷子，都是生活中的失败者，几乎无一例外。

为什么？ 经济学怎么解释？

第一，时间成本。

任何行动都要考虑成本，但是真正的成本不是金钱也不是数字，而是时间。人生在世，所有的东西都可以重来，所有的钱都可以重挣，所有的需求都可以有替代品，但唯有时间，仅此一份，你错过了就永远错过了，时间才是真正稀缺、不可超发的。

时间是什么？ 时间就是生命。

一个人只有时间成本特别低廉，他才舍得把命花在别人身上，他才有精力喷这个、喷那个。但凡取得过大成就的人，断然不肯浪费一丁点儿生命在一个无关的人身上，他们永远在不停读书、学习、反思、提升，根本没有精力关心一个不认识的人到底是怎么想的。

第二，回报价值。

抬杠的背后是什么？是情绪需求，是需要别人重视。正是因为他不重要，正是因为在现实中没人重视他，所以他才需要在网络上寻找一种替代感。

通过抬杠，他能获得关注，能获得一种情绪价值，他觉得别人重视他，这是抬杠的底层心理。

这个就像有些女生和男朋友吵架，并不是为了吵而吵，只是想让男朋友重视她，杠精[①]也是。

越是生活中无足轻重的人，越喜欢在网络上寻找存在感。

越是生活中被边缘化的人，越需要否定主流来肯定自我。

美国当年的嬉皮士不就是这样的吗？一帮无所事事的小青年，四体不勤，五谷不分，开车流浪玩吉他，还觉得自己代表了人类文明的未来。

乔布斯当年也穿过奇装异服。后来呢？

真正的肯定是什么？是别人自发地投票，比如你做的产品特别好，大家愿意去买；你讲的课程特别好，大家愿意去学；你唱的歌特别动听，大家愿意去听。总之，真正的肯定是靠行动去支持的。

可问题在于，让别人肯定自己，太难了；而自己去否定别人，就容易得多。

---

① 杠精，互联网流行用语，指总是故意抬杠的人。——编者注

第三，机会成本。

越是有地位的人，越是有成就的人，他们说话越谨慎，越严丝合缝、无可挑剔。

他们绝不会轻易发表任何一个观点，因为任何一句话都可能给他的事业带来不必要的麻烦。

他们不轻易攻击对手，也不贸然评判是非对错，更多的时候闭口不谈，对你说的一切他都说"好好好"。

你看一下王兴，他年轻的时候在网上发了那么多内容，现在呢？不更了。

你再看张一鸣，他曾经发了很多微博，表达各种看法、各种观点，现在呢？全部清空了。

为什么？因为他们机会成本太高了，他们在现实中太成功了，他们承受不了说错话的后果。

可反过来呢？一个人如果毫不在意这个，就只能说明一个问题——他没有什么可失去的。

越无能，就越喜欢抬杠。

杠精，也遵守经济学。

人生诅咒：
寒门豪门皆有诅咒

为什么寒门难出贵子？因为你摆脱不了寒门的诅咒。

先看一个粉丝的留言，他是这么说的：

我现在的学历低，而且用不到自己正在学的知识，那这样的学习还有没有意义？我曾经有个老师说过，不管你现在学的是什么，将来不用就等于0，你觉得呢？

我觉得，第一步，赶紧把这个老师拉黑。正是因为有这样的老师，很多人一辈子也走不出寒门。

我很少回复私信，但那一天我是这么写的：

不学正确的知识，你就永远会觉得自己是对的，就永远觉得无须学正确的知识，然后永远自洽下去。

你不知道自己在坑里，你就永远不会有跳出去的想法。

这就是寒门的诅咒。

那豪门的诅咒是什么呢？

既然生在一个世家，既然有足够多的资源和积累，为什么很多家族依然富不过三代？

因为钱不是万能的。

钱可以解决很多问题，但唯一解决不了的是体验绝望。

所有的东西都可以模拟，唯独绝望不行。绝望必须自己经历，没法替代，没法渲染，就像你玩无数遍《反恐精英》（简称CS），和你真正上战场仍无法一样。

你明知自己不可能中弹，那么你就永远不会真正紧张。

可是豪门的悖论在于，你既然吃过非人的苦，就绝对不忍心让你的孩子再经历一遍。

小时候你卷着裤腿，大冬天走了十里地，两只脚都冻得像馒头一样，现在一下雨还隐隐作痛。现在你绝对不会让你的孩子再走一遍，甚至孩子衣服薄一点你都不能忍。

可是如果他不经历这种绝望，就永远无法触及灵魂，就好比最顶尖的牛排烤出来了，最后忘记放盐。

你可以教会他很多道理，可你没有办法把道理刻在他的心里。

父辈可以给你一切，唯独给不了你绝望。

这，就是豪门的诅咒。

教育真相：
妈妈的地图拿错了

鸡娃的结果是废柴。

你越是鸡娃，你的孩子就越容易变成废柴，没有例外。

你不要说为了孩子好这种废话，我给你看个数据：所有抖音上卖课程的，那些卖给成年人的，哪怕再顶尖，一个月销售额只有 200 万元；但是卖给孩子的，可以轻轻松松破 500 万元。你告诉我为什么？

因为让孩子奋斗比让自己奋斗，更容易。

比赛多累啊，加油就简单得多。

你想要一个厉害的结果，但你自己懒得拼，所以你就给孩子报各种补习班，让他学各种技能，让他承载你的欲望去替你拼；而你自己呢，只需要退居幕后，打打气就行了。

你不是为了他，你只是为了你自己。

你不是想把他培养得优秀，你只是想成为一个优秀孩子的家长。

可问题就在于，你越这样，你的孩子就越容易变成废柴。

因为你地图拿错了。

我问你，父母能给孩子的，最重要的是什么？

是钱，是资源，还是人际关系？都不是。

最重要的是两个字：眼界。

比如你是个卖爆米花的，整条街上就你卖得最好，这个时候，你知道用什么样的原料，锅温控制在多少，配料的秘方是什么，怎么可以卖得更多，逢年过节给谁送礼。

很多外人一辈子都拿不到的不传之秘，你会毫无保留地告诉孩子，这个就是眼界。

父母越厉害，眼界就越大，地图就越大。

孩子在你的地图之内做事，毫无压力；你的地图越大，你的孩子就越容易超出别人。

可是问题在于，你自己为什么人到中年还碌碌无为？因为你的地图是错的。

可你不知道，你以为是对的，你以为之前只是技能点没打好，你以为让孩子再打一遍就行了。

你不知道外面有更大的地图，你不知道黑暗边界怎么去开拓，你不知道这个世界不是一个游戏。你越是让孩子在你给的地图里去拼命，他就越容易丧失独立思考，就越意识不到开拓的价值，就越容易变成一个废柴。

世界不是线性的，不是从幼儿园到小学，到初中，到高中，再到大学，你只要每一阶段学得好就可以了。

你真要进入社会，就会发现一个致命的问题：你根本不是主角。

不是你学得越多，就升得越快。更多的时候，你会发现根本不需要你拼命，根本没有人定制一个考试给你，甚至你根本就没有上场的机会。每个行业都密密麻麻地站满了和你一样的人，你去任何地方插队，都会遭受满满的恶意。

你以为的技多不压身，不过是一种无知者的自我安慰。

真正让孩子跃升的是什么？不是线性加速，而是弹射模式；是在某一阶段长时间蓄力，到达某一个临界点，然后突然爆发，一年顶别人100年。

而弹射需要什么？需要思考判断，需要明白规则，需要抓住风口，才能找到一条对手寥寥无几的赛道，才能在某个时间点产生暴击，十倍百倍地甩开别人。

而这些，没有任何一个技能可以教。

人生的比赛，是没有复习大纲的，只有那些看似无用的知识，比如体系框架，才能帮你摸清答案。

妈妈看不到框架的力量，就永远不会让你学。

妈妈千万别拿错了地图。

关键问题：
唱歌为何总是跑调

为什么有人唱歌总是跑调？周围的人都快听吐了，他自己还特别陶醉，还在那儿不停地唱，难道他自己不知道吗？

你是不是也有这样的疑问？

在回答这个问题之前，我再问你一个问题："为什么有的人英语听力总是提高不了？他特别努力地在听，每天听到耳朵都快起茧子了。老师说认真听，他真的很认真地在听，可是听力就是很难提高，为什么？

其实都是一回事儿。

真正的钥匙往往放在其他地方，而我们总以为钥匙就在门上，过去拧一下就行。

比如说唱歌跑调，很多人以为是嗓子的问题，多唱唱就准了。

不对，他唱多久都准不了。因为唱歌跑调的人，很多是不知道自己跑调的。他们要是知道自己跑调，可能就不那么唱了。很多人唱歌完全不在调上，就像走路不是往左就是往右，都蹭到马路牙子上了，他们还觉得自己走的是直线。

问题出在哪里啊？

耳朵。

不是嘴巴有问题，是耳朵有问题。他听不出来这个音高，听不出来这两个音的差别，在他看来那是同一个音，所以才会跑调了还自我陶醉。

因此当你想解决唱歌跑调的问题时，首先要解决的不是唱，而是听，你听准了，才唱得准。

这个就叫钥匙在别处。

英语听力也一样，为什么你听了这么多，你的听力还是提高不上去，还是不知道老外到底在说什么？ 不是因为你听得不准，而是因为你发音不准，你的发音压根就是错的。

比如我给你 4 个单词，fill，feel，few，fuel。

好，请问怎么读？

fill	**feel**	**few**	**fuel**
/fɪl/	/fiːl/	/fjuː/	/ˈfjuːəl/
v. 充满	v. 感觉	adj. 有些	n. 燃料

你说哎呀，那不就是"飞哟""飞哟""飞哟""飞哟"嘛。

哎，这就是你听力提高不了的原因。

这 4 个单词的发音是完完全全不同的，第 1 个是很短促的；

第 2 个是很长的；第 3 个呢，是嘴巴往外突的；第 4 个是嘴巴往外突的同时再加上一个翘舌的。

所以你听，它们的发音是完全不一样的。

可是如果你把它们认成同一个发音，在听的时候，你就会去思考："这到底是哪个'飞呦'啊？ 是第 2 个还是第 4 个啊？ 不过按原文的意思，应该不是第 2 个……"你一思考，那句话就过去了。

我们听语言是无须思考的，是它瞬间过来，你就瞬间接收的，中间不能有停顿。

一思考，你就要停顿；一停顿，你的思绪就会拥堵；一拥堵，你就会掉链子。

这就是为什么你听英语，听着听着就感觉，哎呀，跟不上了。

还有很多类似的单词，比如街道（street）和直线（straight）。

再比如激励（goad）和金子（gold）。

怎么区分？ 它们有完全不一样的发音。

说这些不是为了探究发音标不标准，我只是告诉你一个思维方式：很多时候你觉得解决不了问题，并不是因为问题本身有多难，而是因为你没有找到它真正的关键点。

打不开门的时候，多想一想，钥匙是不是在别的地方。

兴趣驱动：
永远不要毁掉兴趣

　　毁掉孩子最简单的方法，就是告诉他刻苦学习。只有刻苦读书，才能有一个好工作；只有吃得苦中苦，才能成为人上人。

　　遗憾的是，每一个失败的家长，都特别喜欢说这句话。

　　孩子是一张白纸，你定义什么，他就相信什么。你定义学习苦，他就会觉得苦。

　　人生在世，所有的事情都是学习。穿衣服是学习，打篮球是学习，谈恋爱是学习，玩游戏还是学习，只是家长刻意把书本的学习和社会的学习割裂开来。

　　一旦你告诉孩子学习是苦的，你就毁掉了他最重要的兴趣。没有了兴趣，所有的努力就得靠意志去支撑，就好像你明明不爱一个人，却非得跟他生活一辈子。

　　所以受到这种教育的孩子，永远不会有终身学习的概念，因为终身学习等于终身受苦。他们认为，之所以要十年寒窗，就是因为毕业之后，可以把书本一扔，荣华富贵如你所见。

　　如你所见，大多数孩子会在考试之后，兴奋地撕掉书本。

　　而学习应该是快乐的，应该是无痕的，应该是发自内心的。

我想画一幅画，我可以废寝忘食。我想弹一首曲子，我可以磨出一手老茧。我想去研究经典力学，我可以抱着《自然哲学的数学原理》看上三天三夜。这才是学习应该有的状态。

真正的学习应该像打游戏一样，能找到去网吧包夜的快乐，就能明白学习本来的样子。

能坚持做一件事情，一定是因为发自内心地喜欢。在有兴趣的前提之下，勤奋才有意义。

每个人的能力，其实都是差不多的，成功的关键就在于兴趣。有兴趣的驱使，你才会不自觉地干得比别人多，干得比别人久，干得比别人好。

一辈子没有感受过学习的快乐，就无法感受到什么是"颅内高潮"，麻木而遗憾。

你看看你周围的人，有几个还在学习？ 抽抽烟，喝喝酒，聊聊天，刷刷手机，一辈子就过去了。

区块链出来，他们觉得没用，不学；

短视频出来，他们觉得没用，不学；

人工智能出来，他们觉得没用，不学；

却对着写作业的孩子说："你要刻苦学习，将来考个好大学。"

他们从来感受不到学习的快乐，从来感受不到脱胎换骨的幸福感。

大部分人只是去追求幸福，却从来不会找一个幸福的姿势去追求。

高手落子：
一听格局就要吐了

一听格局我就要吐了，但凡你遇到点问题，一定有大师说你格局不行。

生意失败，格局不行。

朋友背叛，格局不行。

员工离职，格局不行。

格局格局，你告诉我，什么才是格局？

有人说格局就是要大方，你越大方，兄弟们就越有干劲。

可是大方不是无限的，家底有底，贪欲无底。

你就算给每个人都送一套房，第二天也一定有人骂你，为什么我的房采光不足。

你就算给每个人都送 1 万元，第二天仍会有人给你差评，说为什么不把钱打进我的支付宝里，我工行账户没 U 盾，你不知道吗？

把格局等同于大方，本质上是一种无知。

格局的真正含义，是时间点。

能提前多久猜对谜底，你的格局就有多大。

就像看电影，有人一看预告就知道凶手是谁，有人到电影快结束才反应过来，有人是离开电影院过了三天还在想："到底是怎么回事呢？"

同样的一步棋，高手落子，看的是十步以后，可是普通人往往是被将军了才发现"哎呀，刚才不应该这么走的"。

能预判时间点，就是有格局。

别人都还毫无察觉，只有你提前三年明白短视频一定是未来趋势，并且全部押入（all in）去做好，这个就是格局。

别人都在外包物流，只有你清楚地知道自建物流一定是未来，并且不计亏损去填这个无底洞，这个就是格局。

别人都在讨价还价，只有你知道这个人是最不可超发的核心要素，并且不惜代价亲自邀请，这就是格局。

格局是目的，大方只是手段。

不是为了大方而大方，而是清楚地知道，每一次大方在未来能产生多大的折现。今天投入的每一分钱，三年之后都会变成 100 元，我才会去做，而绝对不是蒙着眼睛"对人好""对人好""对人好"的。

但是普通人往往看不到那 100 元的回报，就误以为这个人的成功好像是因为大方。

格局，就是能预判时间点。能提前多久拿到答案，你的格局就有多大。

珍惜战点：
根本轮不到你奋斗

有一个真相，年轻人必须明白，而且越早明白越好。

那就是拼命不可怕，加班不可怕，辛苦也不可怕，真正可怕的是，根本轮不到你去拼命。

肩膀脱臼不可怕，缠绷带上场不可怕，单场跑动 16 千米也不可怕，真正可怕的是，直到哨声响起，你都没有等到上场的机会。

你准备了一辈子，却发现根本没有证明自己的机会。

你想去拼尽全力，却发现赛场从头到尾根本不需要你。

这个，才是要命的。

日本的文学中有一个词，叫战点。什么意思呢？就是战斗的机会。你知道日本的平均战点是多少岁吗？是 62 岁。这意味着很多人终其一生，都没有遇到一次让他拼命的机会。

不要动不动就说拼命，仅仅是为了得到这个接受考验的机会，可能就得等一辈子。

真实的社会，并不是你想努力，就有努力的机会的，人的一生中，真正的战点寥寥无几。

有战点，就一定要抓住，流血流泪都要抓住。和战点相比，辛苦根本就不算什么。

人生的战点无非就是那几个：高考，选城市，结婚，工作。

比如高考，几乎就是最好的战点。辛苦吗？辛苦。累吗？累。好不好？当然好，因为它是一生中为数不多的靠拼命就能获得回报的，绝对不会说你苦读了十几年，结果发现拿准考证居然还需要摇号。

可你一旦进入社会，战点就会骤然减少。社会上没有人会给你量身定制一个考试，没有人会跟你说："来吧，只要你辛苦点，你就有回报。"

很多电视剧非常害人，它们会告诉你标准的奋斗模式：一进入公司，就有很多艰难任务，等着你去搞定；搞定一个，升一级，再搞定一个，再升一级；三年做到董事长助理，五年出入核心管理层。你这么拼命，富家千金都看上你了，你却以事业为重，死活不答应。觥筹交错间，你们谈论着几亿元的生意，叱咤风云、指点人生。

哎哎哎，别睡了啊，醒醒，醒醒。

真实的社会可不是这样的。

你真的进入社会之后，才会发现，很多公司根本不需要你拼命，永远都不需要你拼命。任何一个完善的大机构，它一定是人浮于事的，人一定是冗余的。

切换到全局视角，你就会明白，公司的运作靠的不是你个人，靠的是制度，靠的是组织体系。

你希望整个公司能给你一个考验的机会，你也觉得你特别有能力给公司带来回报，可万一你上战场尿裤子怎么办？万一你把公司业务搞砸了怎么办？万一你让公司亏了20亿元，怎么办？你来赔吗？

任何一个大型公司，它的内部管理一定是冗余的，就是有好几个人不干活、好几个人都不在的情况下，项目依然可以按时完成，根本轮不到你去要什么英雄主义。

整个公司中，有且仅有一个职位是100%潜能开发，是每一寸力气都能用上的，那就是老板。

因此，如果你遇到一个公司，它恰好有明确的上升通道，恰好特别需要以一当十，恰好允许你用几倍的辛苦换取几倍的报酬，你就应该把它牢牢抓住，它给了你一个用空间换时间的机会，它给了你一个压缩苦难、快进人生的机会，它可能是你人生中为数不多的一个新战点。

不要去抱怨战斗的艰难，更艰难的是，终其一生也等不来一次战斗的机会。

年轻人要珍惜战点，要分清利弊。

市场竞争：
直播电商是福是祸

但凡你有一点基本的常识，你就不会反对直播电商，更不会因为印尼封禁直播电商而鼓掌。

直播电商是一面"照妖镜"，看一个人能不能发财，就看看他对直播电商的态度。

请严肃回答几个问题。

第一，直播电商购物是更便宜还是更贵？

第二，直播电商让工作更多还是更少？

第三，直播电商让收入更高还是更低？

第四，取消直播电商后你能不能赚到更多钱？

第五，直播电商让经济更好还是更差了？

先说第一个，有人说直播电商购物其实不便宜。不便宜你可以不买呀，不便宜可以去线下呀。线下这个选项一直在那儿。你觉得外卖不好，你可以去堂食。你觉得滴滴不好，你可以在路边拦车。你觉得共享单车硌屁股，你可以自己买辆自行车。你觉得直播电商购物不便宜，那你就去商场买便宜的。市场永远是多元的，你有什么需求就购买什么服务，但是你不能享受着直播电商购物的送货上门，却抱怨比你在线下排了 3 小时队买的要贵 5 元。

第二个，直播电商让工作更多还是更少？ 有人说 10 个人的活儿 1 个人就干了，所以 9 个人就失业了。按照这个说法，我觉得应该禁止使用智能手机，这样的话，你就不得不再买个数码相机，再买个录音笔，再买个摄像机，再买个音乐播放器（MP3），你觉得如何？ 当年汽车被造出来，他们说工作变少了；当年纺织机被造出来，他们也说工作变少了；当年计算机被造出来，他们还说工作变少了。好，100 年过去了，工作变少了吗？有多少人今天的工作，是 100 年前就有的？ 为什么机会越来越多？ 因为效率高了，资源浪费就相对变少了，这些资源就可以在别的行业发挥更大的作用，提供更多的就业机会。一个产业越高级，它牵扯到的上下游环节就越多，分工就越细致，提供的就业机会就越多。你看得到替代的工作，有没有看到创造的价值？ 你看得到失业的人群，有没有看到更多的新岗位？

第三个，直播电商让收入更高还是更低？ 你有没有想过，消费者的利益也是利益？ 你有没有想过，消费者有权力买到更便宜的东西？ 同样一个东西，直播电商卖 5 元，你卖 10 元，你凭什么让人家多花钱？ 明明有 5 元的，非得选 10 元的，这不是车匪路霸又是什么？ 永远记得，每个人的钱都是血汗钱，你想让用户多花钱，可是用户也想多省钱。永远记得，生产者的利益是利益，消费者的利益也是利益。你少赚了钱，是因为消费者多省了钱，他们的收入变相提高了。你少赚了钱，是市场的自发调节，告诉你竞争已经饱和。你少赚了钱，那就压缩成本、提升服务，再次把消费者抢回来。

第四个，取消直播电商后你能不能赚到更多钱？不能。我们再说一遍，生产者和生产者竞争，消费者和消费者竞争，生产者和消费者从不竞争。取消美团外卖，饭店能挣到更多钱吗？不能。因为饭店的对手不是美团，饭店的对手是周围的饭店。正是因为有外卖，很多商家才不会竞争临街旺铺，线下店租才不会那么高。美团如果消失了，真正开心的是房东，因为线上的店铺会转到线下，房租就会水涨船高。看似商家不用扣提成了，但是房租可能从8000元涨到16 000元。不找准你的对手，你怎么微调都没有用。

第五个，直播电商让经济更好还是更差了？一天到晚经济、经济，你有没有想过经济到底是什么？经济就是节约。经济型车就是节约型车。经济酒店就是便宜的酒店。经济就是省钱，就是用更少的资源做更多的事情。没必要去记各种没用的术语，当你明白经济就是节约之后，我就问你，电商是不是节约？规模化是不是节约？统一采购是不是节约？降低信息成本是不是节约？市场经济中最难的是什么？是卖出去。出厂价明明很便宜，但是为什么到消费者手里就贵 10 倍？ 因为渠道太贵。如果你的渠道真比直播电商有优势，你早就自己卖了。所以哪怕直播电商提成很高，它依然是你所有选项里面最便宜的。

直播电商越发达，东西就越便宜，就业机会就越多，收入就越高，经济的发展就越快。

世间所有的财富，

本质上都是一种共识。

PART 3

金钱游戏：
财富是对认知的补偿

赌徒陷阱：
能不能吃一口就走

我知道股市有风险，那我能不能吃一口就走啊？

投 10 万元赚 5 万元，白捡几万元不香吗？

拜托，炒股就像出轨，只有零次和无数次的区别。出轨一次，然后通信录一删，就金盆洗手了？

你对规则一无所知。动心的那一刻，你就已经输了，送多少筹码根本不重要。

你以为对手是主力资金，是板块轮动，是宏观政策，其实真正的对手就是你自己。

长这么大挣不到钱，就是因为你对抗人性弱点，从来没有赢过一次。

闹钟响第一次你没起床，你输了。

戒烟三月忍不住又抽一根，你又输了。

但凡你能抵抗一丁点人性弱点，都不会被舆论裹挟。现在你告诉我，你就吃一口，然后卸载软件、金盆洗手，你自己信吗？

用最小的代价激发内心之恶，然后用一辈子的时间去对抗，还沾沾自喜自己赚了几万元，咋想的呀？

买股票有一万个理由，唯独除了踏空。

你知道为什么很多人一辈子赚不到钱吗？ 因为追求短平快，他们没有长期概念，骨子里的信念就是捞一笔就跑。

我们反复讲，赚钱的前提是明白规则，一个人财富翻 10 倍，是因为他的认知翻了 10 倍。赚钱是你做了正确的事情，上帝顺手赏你几个金币。

人到中年囊中羞涩，就说明你的攻略是错的，这个时候再去炒股，错上加错。

什么人能赚钱？ 只有极度专业的 "业内人士"。

你炒芯片股票，最好是半导体专家。

你炒医药股票，最好是医学专家。

你炒新能源股票，最好是能源技术专家。

只有专业人士，才可以炒股票。普通人炒股票，和赌博无异，纯粹就是在博大小。

你不知道某某科技的主营收入，你不知道某某风电的业务分布，你不知道财报是按照哪一年的会计准则，你更不知道一般性收益和偶然性收益的区别。99% 的情况下，你甚至连财报怎么读都不知道。

彻底研究一家公司，至少需要 2000 小时。而绝大多数股民，连 1 小时的功课都没做。除了一个股票名称和股票代码，你对这家公司一无所知，甚至怎么开户、怎么选筹，都是这两天现学的。

你告诉我，这和赌有什么区别？

股市能存在，不代表你能去炒股。菜刀能切菜，不代表三岁的孩子能玩刀。

毁掉一个人最好的方式，就是给他超出能力范围的资源。

比如在无知的时候，白送他一大笔钱。这样他就会毫无防备地进入最残酷的金融世界，用最"傻白甜"的姿势挨最毒的打；而他甚至都意识不到，所有的毒打，都源于貌似占了便宜的第一次。

德不配财，必有殃灾。

利他思维：
永远考虑对方利益

你进了一个摄影论坛，怀着谦虚的心态问了一句：请问 5000 元以内买什么单反好？

帖子发出去 3 小时，没有人理你。

于是你换了个方式，写道："恕我直言，5000 元以下的单反不配叫单反。我不是针对某一款，我是说所有的，都是垃圾。"

结果跟帖马上就会爆掉，一堆人跳出来，拿出具体的数据来教育你："懂不懂啊？不懂就不要瞎说；哥今天告诉你什么才是入门单反中的王者……"

为了证明他的说法，从 MTF 曲线到堆栈式传感器的参数都能给你摆出来。

信息翔实，论据充分。

你仔细读了一遍，终于知道该买哪款了。

好，同样一件事情，仅仅换了个问法，为什么结果就完全不一样了？

因为对方的收获完全不同。

凡事都要考虑交换：对方付出了什么，他能得到什么。

直接问为什么没人理？

因为它是纯索取，你是得到了答案，但是对方有什么好处啊？完全看不出来。

整个提问中，你既没有表现出对大哥应该有的尊重，也没有半点要付费咨询的意思。那对方为什么要帮你呢？他处于一个纯付出的状态，既得不到情绪价值，也得不到金钱价值，所以就算他想回答，也就是说两句。

利他，就会让对方动力不足。

但是第二种方式就不一样，它是利己的。

我为什么要回答？因为我要证明我比你牛啊，我比你懂啊，我要让我自己爽啊。

"我告诉你，市面上的单反就没有哥不知道的，整个论坛的人就没有比哥更懂的，各种数据哥闭着眼睛都能信手拈来。"

"年轻人不要太嚣张，哥哥今天教你做人。"

你看，这种情绪价值，它是纯利己的：我不是在帮你，我只是告诉你，轮不上你说话。

动力十足。

你再稍微示弱一下，他的收获感能爆棚。

"哎，大哥，刚才是我肤浅了。那您说 5000 到 1 万元的单反，有没有好一点的呢？"

他又给你讲一通。

想解决动力问题，就先考虑对方的利益。

苦难过滤：
苦难是一个过滤器

苦难是一个过滤器，普通人过不去。

一无所有的穷小子，要学会和苦难做朋友。

不要老是埋怨苦难，埋怨艰辛，埋怨挣得少。

挣钱多少只和一个因素有关 —— 你有多优秀。你超出对手的部分，才是你的利润。这和行业领域无关，和科技含量无关。

那怎样才能超出对手呢？

要么你聪慧过人，悟性比别人高。

要么你资金雄厚，财力比别人强。

要么你特别能吃苦，你吃的苦，别人都吃不了。

天赋、资金、苦难，本质上是等价的，每一个都是你的朋友，每一个都在你的背后，把要追上来的那些对手一脚一脚地踹回去。

如果你没有天赋，没有金钱，没有资源，那你奋斗路上最好的朋友，就是苦难。

每一个给你制造苦难的人，你都要对他说一声谢谢：谢谢你让我强大，谢谢你看不起我，谢谢你帮我赶走一帮内心脆弱的家伙。

如果不是这些苦难，你不会如此杰出，也不会在终点独享那一份红利。

如果这个世界有快捷键，那它就一定是苦难。

只有一个苦得不能再苦，苦到别人都不敢按下去的，才能叫快捷键。

用最短的时间碰壁，用最短的时间受苦，用最短的时间踩各种坑，用最短的时间鼻青脸肿、蓬头垢面，才能用最短的时间超过同龄人。

普通人，就让他们舒服去吧。他们不想吃苦，不想受累，不想担风险。他们就想找一个投入小、不累人还挣钱多的行业。这些人往往终其一生，两手空空。

最朴素的道理，古人说得很清楚了，苦其心志，劳其筋骨，饿其体肤，让苦难帮你重塑世界观。

不要去埋怨不公平，因为竞争从来都不是一代人的事。

富二代为什么没有苦难？因为人家父亲帮他把苦难都吃了。

没有人一生下来就是富人，每一个白手起家的奋斗者，无一不经受苦难，经受折磨，经受煎熬。

别人不好意思的，你好意思。

别人早起不了，你可以早起。

别人下班打游戏，你挤出时间看书。

别人周末睡到大中午，你早上 6 点起来做兼职。

每一次苦难都是一次能力的加成，都是在帮你过滤意志薄弱的对手。直到有一天你一回头，发现后面已经没人了。

很多人如此之懒，如此不堪一击，以至于完全轮不到拼天赋。你只要比他们多吃点苦，胜负就已经没有悬念了。

失败者特别喜欢抱怨，抱怨世界不公平，抱怨别人起点高，抱怨规则对自己不利。

可是他们玩游戏的时候，是从来不抱怨的；睡懒觉的时候，是从来不抱怨的；给主播刷礼物的时候，是从来不抱怨的；刷爆信用卡买手机的时候，是从来不抱怨的。

如果抱怨就可以改变命运，那世界上就不需要奋斗了。

快捷键，一直都有，就看你敢不敢用。

价值塑造：
广告费到底去哪儿了

广告费到底去哪儿了？我花 100 万元买个车，钱花完了，车在我家地库里停着，这个好理解；可是我花 100 万元广告费出去，最后我拿到了什么？这个钱凭空消失了吗？

没有，它变成财富被存储起来了。

怎么回事呢？

这个得从财富是什么说起。

其实我们讨论财富，都有一个默认前提，那就是人，所有财富都是对人而言的。

它是什么不重要，人类觉得它好，才重要。

结婚为什么会买钻戒？因为我们觉得它好啊，尽管钻石主要就是碳元素组成的。

那要是屎壳郎呢？屎壳郎是高等生命的话，它会用碳元素来求婚吗？不会，它会找一堆最新鲜的粪便，做成一个巨型的球，然后堵住它女神的家门口。女神在里面一看，哎呀，这么大的粪球，顿时心就化了。

所谓的财富，完全取决于它的使用者。

明白了前提，那第二个问题：为什么我们会觉得某些东西有价值？

衣服为什么有价值？因为可以遮体吗？

不是的，遮体只是基础需求。如果仅仅是为了遮体，你把床单披身上是不是也可以？

你为什么要挑品牌，为什么要选款式，为什么要考虑搭配效果？

也就是说，你之所以买这件衣服，并不是因为它能遮体，而是因为你喜欢这个品牌、这个设计师、这个款式，或者因为某某明星穿过，你也想买一个同款。

可你为什么会喜欢呢？

因为共识，在不知不觉中被塑造了。

为什么结婚要买钻戒？因为大家都觉得钻石好，你从小到大听的都是钻石等于爱情。

为什么乱世要买黄金？因为父母长辈口口相传，你从小到大听的都是黄金等于财富。

这就是共识的力量，如果仅看工业用途，它们完全不值这个价。

好，那共识要怎么创造呢？

答案之一是广告。

一遍又一遍出现的广告，一次又一次地重复，让用户在重复中放弃思考，让他们情不自禁地接受你的理念，在他们购买产品的时候有效地影响他们的决策。

每一次放广告，都是在强化用户大脑中的电信号；每一次重复，都是在扩大有基础共识的人群。

一点糖水加一点二氧化碳，为什么可以做成世界饮料的巨头？

因为它对电信号的塑造，是最成功的。

当每个人都觉得你值钱的时候，不要怀疑，你就是值钱的。

无论它是一堆碳元素、一块金属单质还是一瓶气泡糖水，都根本不重要。

广告费到底去哪里了？它变成用户大脑中的电信号了。

资源为核：
厉行节俭促进消费

　　有没有想过一个问题：厉行节俭怎么促进消费？ 这不是矛盾了吗？

　　如果每个人都厉行节俭，那还怎么拉动经济？

　　如果你卡壳了，这节内容一定要看完。这种知识点虽然不能直接让你赚钱，但是可以让你理解世界的规则，在更长远的时间拿到更多的回报。

　　想获得真正的答案，要退后一步，先问一句，为什么一定要消费呢？

　　因为不消费，商家就赚不到钱；赚不到钱就没法消费，然后就会有更多的商家赚不到钱，这样经济就会出问题。

　　哦，你在乎钱的话，直接印不就行了？ 给每个人印一个亿，大家不就都有钱了？

　　你说不行的，这样虽然大家看起来有钱了，但购买力并没有增加，因为总财富没有增加。

　　哦，你也知道总财富没有增加。

　　那我问你，什么是总财富，怎么衡量总财富？ 既然钱没法通用，为什么我们今天比秦朝要富？

哦，因为生产效率的提高，富的本质是生产效率高。

我们有电力，有机械，有汽车，有铁路。今天一天等于秦朝一年的。这才叫富。

消费不是目的，消费只是过程。

消费是为了提高效率，而不是为了花钱而花钱。

我为什么要雇一个司机？是因为我的效率很高，自己开车影响赚钱。

我为什么要找一个保姆？是因为我的时间宝贵，自己打扫影响赚钱。

看上去是在花钱，实际上是在省钱，这些事情我如果亲力亲为，会造成更大的浪费。这才是消费的正确因果。而不是我为了促进消费，不顾效率，哪怕不需要司机、保姆，也去雇一个。这样做的结果就是，尽管微观上司机挣到了钱，保姆也挣到了钱，但是宏观上整体财富却在减少，因为资源错配了，效率降低了，每一笔钱对应的财富减少了。他们是多挣了一笔钱，但是他们之前所有积蓄又缩水了。

钱没有价值，钱代表的资源才有价值。同样一笔钱，对应了多少资源，才是我们应该追求的。

从来不会为了消费而消费，从来都是为了效率而消费。

吃喝玩乐花得越少，投资建设的比例才会越大，才能生产更多便宜的东西，把各行各业的价格打下来。

正是因为厉行节俭减少了浪费，把更多的资源用于生产，使配置更优、效率更高，才能压低价格，在更长远的时间里爆发更旺盛的消费。

越是厉行节俭，就越能促进消费。

效率至上：
到底是 yī 还是 yāo

为什么你报电话的时候是说 1（yāo）31（yāo），可你去银行取钱，却说取一万一？

同一个数字，为什么有的时候读 yāo，有的时候读 yī？为什么呢？有人说：习惯用法。

为什么很多人学习老是不好？因为他们学到了习惯用法那一步就停了。

为什么以元音字母为首字母的单词前要加 an？因为习惯用法。

那为什么以辅音字母开头的单词 hour 前也要加 an？也是因为习惯用法。

拜托，你要这么学的话，你永远学不好的。

你需要再问，为什么是这种习惯用法，而不是另外一种？

我一直认为好的教育方式应该直击本质，让人不仅知其然，还要知其所以然。

死记硬背是学不好的。好的教育，是完全不需要学生记的。今天我们就讲清楚这到底是什么原因。

直接说答案，因为效率。

不是开玩笑，任何领域，都要考虑最低的成本，用最小的代价做最多的事。

语言也不例外。

为什么报电话要读 yāo？我们可以反过来想，如果读 yī 会出现什么问题？我的电话是 131、1113（一三一、一一一三），请问我说了几个 yī？不知道对吧？因为连在一起了，糊成一片了，每个 yī 之间没有切分。你只需要张嘴就可以不停地发 yī 这个音，这样的话切分就很困难。

而你把它读成 yāo 呢？

注意口型，yāo，闭口了，切分了，像切菜一样，咔咔咔咔，每个音都清晰独立，而且发音轻松。

像这样，加一个闭合的动作，就高效解决了发音的问题，再也不需要刻意区分两个 yī 还是三个 yī 了。

好，那为什么银行取钱要说一万一呢？

因为钱是有单位的，每个单位把这个数字给切分开了，就不需要靠发音切分了。比如你取 5 个一，你会说，取一万一千一百一十一。你不会读 yāo 万 yāo 千 yāo 百 yāo 十 yāo，为什么？累啊，yāo 的发音比 yī 要复杂，耗能更多，所以我们的大脑会默认选择更简单的方式。

好，那回到第二个问题。

为什么以元音字母开头的单词前面要加 an 呢？比如 an

apple，an egg。

那为什么有些辅音字母开头的单词前也要加 an 呢？ 比如 an hour。

如果你看懂了我前面说的，你自然会知道答案，根本不需要死记硬背。什么叫学习的底层原理啊？ 这才是。

竞争背后：
如果砍掉了广告费

1 元一瓶的水，广告营销费占了一半，那砍掉广告费，不就能 5 角一瓶了？

这位朋友，世界可不是简单加减法，世界是牵一发而动全身的。世界是你每做出一个决策，别人都会做出相应调整。

去掉广告费，你买到的商品只会更贵。

其中有三个原因，一个比一个深，听好了。

第一，偏差数据。

你拿到的广告费是一个偏差数据，是在拿结果说话。就好像彩票都刮完了，你说我当时选另一个就好了。

广告费也是，正是因为有了广告，你才能知道这个商品，你才会反推它的广告费具体是多少。

一旦你省掉它，你就压根不知道商品在哪儿了，你寻找它的成本就会无限高。

广告降低的是触达成本，它本质上和那些经销商、代理商一样，都是为了降低成本而存在的。

同样一个商品，你为什么不去厂家去买呀？ 你为什么要去超市买啊？

　　因为由中间商集中分发给你，比你去一个个反向搜寻效率更高。

　　你想一想，如果消费者都能顺利地找到所有信息，那厂家只需要在官网上放上详细说明就行了，根本不用提炼卖点，再传递给你。

　　信息的隔阂永远存在，永远不能被消除，而你要对比的，就是哪个方案效率更高。

　　无数的营销人，他们呕心沥血钻研的是什么？ 是效率。

　　是怎么用更先进的方式、更少的能耗，传递更多的信息点给消费者。

　　第二，边际成本。

　　要知道，广告是可以提升销量的，而销量是可以降低边际成本的，这是一个动态的循环。

　　对任何一个产品来讲，最大的投入都不是来自商品本身，而是前期的厂房设备、人员培训、流水线投入等一次性的花费，这些成本是要平摊到每一个商品上。

　　你的商品销量越少，单个商品的边际成本就会越高。哪怕你把利润砍到零，也依然不能便宜多少。

　　想便宜，就只有一个方式：提升销量，让更多的商品来平摊前期投入。

　　就拿一瓶水来讲，看上去有 5 角的营销费用，但如果没这

5角，销量可能只有之前的 1/10，那也就意味着每一瓶水要均摊的成本会变成原来的 10 倍。

广告费是省了，可生产成本又上去了，总价还是要升高。

第三，创造需求。

广告就是商品的一部分，因为广告创造的是共识。

世间所有的财富，本质上都是一种共识。

你仔细想想文玩核桃，那些核桃真的很值钱吗？

不是啊，但是大家觉得它们好，它们就值钱。

你再想想玩具手办，那些塑料片真的很值钱吗？

也不是啊，但是大家觉得它们好，它们就值钱。

共识就是价值，广告可以创造共识，可以创造原本没有的需求。

如果没有广告，你可能永远不知道 iPhone 到底是什么，你可能永远不会有智能手机的需求。

广告，就是一种竞争方式，它与价格竞争、产品竞争、质量竞争是等价的。

竞争不是在浪费财富，竞争是在更有效地分配财富，把有限的资源更高效地分配给更需要的客户。

在市场经济的环境下，广告费是降低价格的，因为那些瞎投广告的企业，已经都倒闭了。

消费决策：
健身房和对赌协议

千万别办健身年卡。所谓健身年卡，本质就是一个对赌协议，赌的，就是你不去。

因为健身房的人往往不是根据客容率去卖年卡的，也就是如果健身房能够容纳 500 人，那他们会至少会卖 2000 张年卡。

一方面，用户不会在同一时段来；另一方面，他们赌的是那些办卡的人中大部分人不会坚持太久。无论办卡的时候信念多坚定，总有一部分人会慢慢放弃。

那些办了卡之后却不去的人，就能让健身房获得赌赢的利润。

什么叫正确而无用的知识，上面这段就是。

你觉得它揭秘了本质，实际上连皮毛都还没摸到呢。

真正的答案是什么？

是先进。这是一种更先进的模式，它不仅没有割"韭菜"，反而让更多的人能去得起健身房。

先说第一点，为什么要办年卡？

因为需要一份可以随时兑换的权利，随时兑换，就是商品的一部分，这个权利很值钱。

你花 1 万多元买一台相机，绝对不会用到"战斗成色"，那这么贵的相机，一年用两次算不算割"韭菜"？ 多年之后想起来转手，一看快门也就用了 3000 次，算下来拍一张照片 3 元，还是电子版的，那你为什么不去租一台相机呢？

你花 20 万元买了一辆车，一周就开一两次，大部分时间都放在停车场里，你还要交税费、保险，做各种保养，5 年之后转手卖掉，再出一个骨折价。按照这种使用频率，就算租个 BBA（奔驰、宝马、奥迪）也没那么贵啊？

那你回答我，买车是不是割"韭菜"？

所谓买，买的不仅仅是商品本身，更是整个使用权。我可以不用它，但我随时想用必须随时有它，这个随时的权利很贵。

打开你老婆的衣柜，看看里面的衣服穿得完吗？ 那为什么她还要买呢？ 因为她需要一个随时的权利。

"哪怕这个裙子我 3 年只能穿一次，我也得有。"我花钱，保留的就是一个选择权。

交易是自愿的，没有人能强迫你，买之前你可以自己衡量是要还是不要。只要你们的契约是明确的，只要对方没有违约，只要你确实每次想去都可以去，那就不叫坑人。

总不能说我刮了彩票没中奖，你就得把这 2 元彩票钱退给我。

更重要的是，正是得益于这种先进的收费模式，更多的普通人去健身房更便宜了。

　　能量永远守恒，世界上任何一个模式，只要你不额外输入能量，它永远不会有质的改变。

　　同样一份钱，不从这个地方收，就一定要从另外的地方收。你觉得按小时收费更划算，可你根本没有意识到，如果不是年卡的存在，那普通人一小时的健身费就会高到离谱，绝对不会是你现在看到的那个数。

　　恰恰是它采用了不同的收费模式，区分了不同的消费者，使不同的人拿到了不同的产品，才让整个商业模式达到了更优。

　　比如 QQ，当年想赚钱，最初的模式是在注册账号时收一点，毕竟每个人都要用嘛。

　　少收点，一个号 1 元行不行？ 你每月电话费不也得好几十元吗？

　　结果呢？ 被骂得狗血喷头，差点都把腾讯给干倒闭了。

　　也就是它虽然一定要收费，但这个模式是不对的，它阻力太大。

　　真正的方式是区分不同的消费者，让愿意付钱的付钱，让愿意花时间的花时间，让不同的用户拿到不同的产品，让收费的效率最高、阻力最小，这才是商业的智慧。

　　后来你也看到了，有了 QQ 秀，愿意花钱的人可以花钱，他花的钱可以平摊其他用户的成本，从而让更多的用户可以免费用 QQ。

　　健身房也是一个道理。如果健身房只有一种卡，那就只有两种结果：第一，用户大大减少；第二，门槛大大抬高。

　　什么是真正的经济学？ 这才是。

收入真相：
谁决定了你的收入

　　收入低是个伪概念，成年人应该知道一个真相：你现在到手的收入，就是你能力范围之内，挣到的最多的钱。

　　很多人都在鼓动情绪，我们想讲些不一样的。

　　你认为公司给的钱少了，其实它才是整个市场上给你出价最高的。

　　因为一旦有更高的出价，你就可以随时离职，为什么你现在不去？因为你把风险和其他要素折现了。虽然现在的工作有各种不如意，但它依然是所有选择里面最好的。

　　薪水高并不是因为老板心肠好。大厂的回报是高，有免费三餐、带薪休假，一年发16个月的工资，可为什么不要你？因为你不值那个价。

　　你可能会说我很辛苦。

　　可是我告诉你，这个世界上没有人不辛苦。

　　出租车司机辛不辛苦？外卖小哥辛不辛苦？凌晨3点还营业的档口老板辛不辛苦？

　　你告诉我，为什么这些人比你更辛苦，收入却还没有你高？

因为并不是辛苦决定了收入。

真正决定收入的只有一个，就是不可替代性。

越是不可替代，收入就越高。

你仔细想想，一个公司 10 万人，每个人都有不同的职务，每个人都觉得自己很重要。好，那我就问你一个问题：把哪个人裁掉，最能把公司搞垮？你告诉我。

答案是创始人。

在乔布斯创业之前，所有的技术人员、销售人员、运营人员都是现成的，但为什么没有苹果？

因为缺了一个灵魂人物。

正是这个灵魂人物，把人和资源聚集在一起，形成了巨大的战斗力，创造出了一个前所未有的产品，指数级提升了这个世界的效率。

这就是不可替代性，也就是我们讲到的减熵。

所谓减熵，就是把无序变有序，把一个个零碎的个体组成一支有战斗力的军队，让他们为了同一个目的去拼杀。

同样是操作系统，开发一个 Windows 需要几十亿元，需要几千个程序员工作几十年，可为什么一个盗版盘只需要 5 元，盗版商还能再赚 3 元？

因为一个是减熵劳动，一个是重复性劳动。

一个是从无序中创造出有序，一个是仅仅进行了 0.01% 的改动。

你仔细看，世上所有的劳动，无非就是这两种。但大部分人做的是后者，也就意味着他们有无数的可替代选项。

几乎所有的公司，都是架构冗余的。老板在你上班的第一天，就默认你明天可能会离职。任何一个公司都可以在 1/3 的人不来的情况之下，依然正常地运作，不受影响。推特被砍掉 2/3 的员工，不也没事吗？

而这句话的另一个意思就是，在公司里，哪怕你想辛苦 10 倍、100 倍，也没有这个机会，因为公司不需要你拼命，永远有人可以替代你。

大部分人所做的，其实是在一个大的框架之下，把某个小的环节重复、重复、再重复。

当你还在担心 ChatGPT 会让你失业的时候，正说明你做的是简单而重复的事。

真正能带来高回报的是什么？ 是风险。

是从无序中寻找有序，是从未知中寻找已知，是冒着风浪寻找没人见过的新大陆。

不敢冒险，就说明你不是第一流的人才。

劳动价值：
中介提成是高是低

中介费按房价的百分比来收合理吗？

比如价格 100 万元的房子和价格 1000 万元的房子，对中介来说，服务流程及工作量没有太大差别；但二者的中介费差距就非常大，都按两个百分点收，一个 2 万元，一个就得 20 万元，我觉得很不合理。

请问这个问题该怎么回答？ 你可以先思考一下，如果你回答不了，再继续。

我们直接说答案：因为价格并不是由劳动量决定的。

你再辛苦、再花时间、劳动量再大，抱歉，决定不了价格。

这个事情经济学家讨论了很久，因为劳动决定价格很符合直觉嘛，你花的时间多，价格就应该高。

不过，提出劳动价值论的大卫·李嘉图，或许当年就被类似事情刺激到了。据说，他跟学生讲完劳动决定价值，下面有个学生举手问："老师，那为什么同样两瓶葡萄酒，都是 10 英镑，有一瓶忘记喝了，放在地窖里 10 年，结果卖了 100 英镑？ 请问那多出来的 90 英镑是从哪儿冒出来的？"

大卫·李嘉图

当时李嘉图一听就蒙住了。因为解释不了，他最后只能说是特例。也就是说，劳动决定价值，但葡萄酒是个特例，茅台酒是个特例，这个是特例，那个也是特例。

后来他自己也发现这个事情不对劲，因为说服不了自己。存储的成本微乎其微，那请问多出来的钱到底是从哪儿冒出来的？

这个事情就很恐怖，一个经济学家，花了一辈子时间写理论，认为劳动量决定价值，最后居然要用特例来给自己找一个台阶下。

你知道他当年有多自负吗？ 据说，他 25 岁实现财务自由，37 岁成为知名经济学家，自称全英国能读懂他的人不超过 25 个。

这个事情对他的打击无疑是巨大的，他在 51 岁时不幸去世，也始终没有解决这个难题。

后人把这个问题命名为李嘉图悖论。

好，如果劳动量不决定价格，请问到底是什么决定价格？

答案是机会成本。我在《财富从哪来》这本书里有详细的推导，这里只需要记住结论：凡是要根据劳动量来计算价格的，全部都是错的。

卖 1000 万元的房子之所以能收 20 万元的提成，是因为 20 万元的费用是买家所有选项中最低的。中介要是不帮你卖这套房子，你自己卖掉它要花的成本不会低于 20 万元，这才决定了那 20 万元的价格，而不是中介的劳动。

经济学为什么重要？因为你一旦弄错了经济学原理，这个世界对你来说就是扭曲的，很多东西你解释不了。这会导致你的很多行为出现错误，你的判断出现错误。

比如我早出晚归 996，我挣的钱就应该多。比如我花了一天一夜来做手工包包，我就应该卖得贵。这些统统都是错的。

我们经常说要有上帝视角，其实问题本身并不重要，问问题是想干吗才重要。比如这个人为什么问出这个问题啊？他的真实想法是我能不能花 2 万元中介费就去卖 1000 万元的房子，这样不就能省 18 万元了？我告诉你，不可能。

我们假设两个极端：

第一个，都收 2 万元，会有什么结果？当然是 100 万元的房子更好卖啊，同样的精力、时间，别人为什么要花在 1000 万元的房子上呢？ 反正都是提成 2 万元。那就没人愿意卖贵的房子，那中介费就必须涨价，涨到中介愿意接单，比如 20 万元。

第二个，都收 20 万元，会有什么结果？ 那就没人愿意卖小房子了。房子一共才 100 万元，结果中介费就要 20 万元，我干什么不请假一个月自己卖呢？ 很多人一个月也挣不了 20 万元。因此它的中介费会下降，下降到卖家愿意卖，比如 2 万元。

明白了吧，市场自发博弈确定的，就是合理的。有人觉得奇怪，是因为他不懂经济学，他看不到最关键的权重点。

品牌效应：
加盟为何遍地都是

为什么遍地都是加盟呢？

我们先不说那种纯骗子的情况，就说有一些店铺，它本身能挣到钱，为什么也要开放加盟？难道不会自己开分店吗？为什么要分钱给你赚呢？

我们一步一步分析，看看到底哪里出了问题。

比如你家是开饺子店的，夫妻俩忙活一天，能卖2000元，一个月毛利6万元。减去各种开支，净赚3万元。

小日子还不错，对吧。

好了，问题来了，如果你想多挣钱，应该怎么办？

不要告诉我开两家店，开两家店很可能就赔了。

觉得开两家店能赚钱的，把下面这句话读10遍：

回报的增加，要全要素同步增加。

什么是全要素？比如客源、流量、店面、人员、资金……所有的东西，全部乘以2。

可问题就出在这儿，你做不到。

你想开两家店，第一个瓶颈就是客源有限，顾客没那么多，店铺辐射范围就那么一条街。

你想换一条街，那第二个瓶颈就是管理成本。如果你要亲力亲为，那就没时间管理；如果你要搞好管理，那就不能自己包饺子。

管理可是一个要命的事情，比如品控。看起来都是包饺子，看起来都用一样的配料，看起来都坐在那儿包，可你自己包和找员工来包，味道就是不一样，客户也说不出哪里不对，反正就是慢慢不来了。

你问员工："是不是这么包的？""是啊。""是不是这么和的面？""是啊。"

那为什么味道就是不对呢？

因为信息传递的偏差。以前是你们夫妻俩一起包，都干了几十年了，怎么调馅、怎么和面、怎么捏褶子，清清楚楚。可是你要找别人包，你就得给他表达出来，你就得做一个规范的操作流程，你还得再做一个监控流程的管理体系，因为语言在传递的时候会产生无数次的变形。你觉得说得清楚得不能再清楚了，他一动手，立马跑偏。

你看那各地的小吃，实际上每一种小吃在原产地都非常好吃，但为什么很多人在其他地方吃到会觉得难吃？就是因为跑偏了，传递的时候变味了。同样的原料，同样的做法，口感就是不对。偶然间吃到一次正宗的，才会感叹："哎呀，原来这么好吃呢。"

很多夫妻店都会遇到这种问题。做一家店没问题，别扩张，一扩张就出事。有无数的细节会制约你，让你的回报率越来越低，一不小心，老本都亏进去。

要想放大，你得找到另一个放大器，一个不需要全要素同步增加的放大器。

是什么呀？加盟啊。

你只需要开好一家店，然后立为标杆，源源不断收加盟费就行。旱涝保收，风险可控，别人还不抢你的客户，而且还能无限复制。多好啊。

比如你把饺子卖便宜点，这样人就多了，看起来生意红红火火。

然后你找各种加盟网站发布信息，找各种短视频平台发布内容，告诉别人，你家的饺子好吃，店里总是爆满，要排队，排长队。

你还可以通过同城功能，让潜在的加盟者就近考察。看看排队情况怎么样，看看收入情况怎么样。

他们只要来了，这事就稳了。

想挣钱，先交钱。

比如，初级班，只给配方，5999 元。

中级班，包教包会，9999 元。

高级班，包教包会、包选址、包指导，19 999 元。

一个月只要有那么三五单，马上赚回另开一家店的成本，比开分店轻松多了，甚至无须管理。很多来你这里吃饭的客户，觉得你生意好，自己都会问你怎么加盟。

如果能把这个玩法做到极致，整条街都收徒弟，学员以总店的名义去开店，就相当于帮品牌做宣传，进一步吸引了更多的客户，名利双收。

卖产品，赚小钱；卖加盟，赚大钱。

收入翻番，旱涝保收，这才是加盟的真谛。

致命问题：
生意失败的小细节

你说，什么样的人做生意，基本上会以失败告终呢？有没有什么办法可以提前看出来？

有，你就看一个细节，就是那种在朋友圈里面让亲朋好友帮转发的。

只要有这个动作，生意十有八九会黄。

看似不起眼的小动作，反映的是四个致命的问题，尤其是最后一个，它无解。

第一个，流量思维有问题。

你做任何生意，权重最大的都应该是新增的流量，而不是你的自有流量。

只有新增 1 万、10 万、100 万个用户，才可能产生 100、1000、10 000 个付费者。有了基数，再去衡量投入产出比，去微调，去优化，才会有赚钱的可能。

海足够大，才能捞到大鱼，指望小池塘，是没用的。

你说朋友也可以帮忙啊。

这就涉及第二个问题，利益。

商业是互惠互利的，任何合作，都要先想一想对方能获得什么好处，而不是说"你是我朋友，你帮我是应该的"。

人家凭什么要帮你转发呢？你到底是给人提成还是怎么样？他转发了之后有什么好处？

说服一个成年人，要提利益，讲人家能得到什么好处。

你说我这儿的东西便宜啊，原价 800 元的美甲，我能给他优惠 100 元呢。

没用的，原价都是自己定的。你看那路边摊的打折，不都是说原价多少多少钱嘛，消费者信吗？

你说原价 800 元，可它到底值 800 元还是 500 元还是 300 元，谁知道呢？

然后就牵扯出了第三个问题：信任关系。你在消耗信任。

你为什么会这么做？

因为你觉得容易。都是朋友嘛，大家给个面子，我生意就做起来了。

可谁能保证你的东西一定好呢？如果你的东西真的好，为什么不去市场上推广呢？为什么要在朋友圈里发呢？大概率因为折算下来，你竞争不过那些产品，才需要通过消耗朋友关系来提升一点业务量。

换句话说，你是在占别人便宜。

万一你做得不合适，人家到底是说好，还是说不好？是继续来，还是不来？看上去你是多了点生意，但背后折损的，都是你的社交关系。

大家都是熟人，没必要撕破脸皮，吃一次亏以后就不来了，看破不说破嘛。

那结果就是，你觉得你在反复地发，为什么大家都不来？为什么不给我面子？为什么明明要做美甲，却不照顾我生意？

可是站在对方的角度，人家可能早就在心里把你拉黑了。

第四个问题，也是最重要的一个问题，它存在一个悖论。

如果你的朋友关系很强大，你就不至于说到现在还是从零开始，到现在还在朋友圈里转发一些小生意赚钱。

而如果你需要通过这样的小生意来挣钱，说明你的朋友也是一些普通人，他们没有办法给你提供更多的增量。

不是说转发不对，而是你得清楚转发的目的。

你要找的是潜在客户，而不是透支你的亲戚朋友。不是为了转发而转发，而是为了能够触达更多的用户。

更多的时候，你的种子用户根本就不是你的朋友；你们只是离得近而已，这两者根本不能画等号。

创业，要找到权重最大的那个变量，而不是哪里简单就从哪里入手。

企业征途：
企业家的终极宿命

白手起家做成一个千亿级的公司有多难？

很多人把它比作打游戏：没有攻略，还得打通关，还只有一条命。

真实的情况是，你要打的不是一个游戏，而是五个游戏；每一个都要打通关，每一个都没有攻略；前一个好不容易通关了，结果经验全归零了，又得开始打新的游戏，而且每个游戏的规则都不一样，一步踏错，就会前功尽弃。

具体一点，我们从1.0讲到5.0，看小蚂蚁是如何一步一步变成齐天巨兽的，看每一步的难点到底都在哪里。

其实所有的商业，无外乎基于一个简单的模式，比如淘宝，就是个购物工具；比如微信，就是个聊天工具。你砍掉那些杂七杂八的功能，它们的本质都非常简单。

但是它难在哪儿呢？难在放大。一放大，就会出问题；一放大，游戏规则就变了。

先说1.0。1.0就是最小可行性产品（MVP），是商业模式验证。是骡子是马，得拉出来遛遛。你说你的想法特别好，那先做出来看看，看有没有人愿意付钱。能赚钱才是硬道理，赚不到钱，那你就是在吹牛。一旦验证产品没问题，那就赶紧挣钱，挣得越多越好。钱越多，容错率就越高，就越能用钱去摆平你犯的错误。如果你一开始就挣微利，从指甲缝里左抠一点、右抠一点，稍微遇到点问题，就挂掉了。千万不要寄希望于有人赏识你，给你投个一两千万元，那纯粹是做梦，创业过你就知道，挣一千万元比融资一千万元，要容易太多了。

然后就是 2.0，扩张。模式没问题，也挣到钱了，这个时候想做大，就需要招更多人了。你会发现时间越来越不够用了，你不可以亲力亲为了。这个阶段你必须分清权重，把事情按重要度分成 1~100，而自己只做最重要的前三个，其他的交给团队。你负责最核心的环节，杂七杂八的交给别人，把最宝贵的精力用在最关键的地方。

可是到了 3.0，又开始出问题了：杂七杂八的事情越来越多，简单靠招人已经不行了，你必须培养一个团队，依靠团队打赢比赛。以前你是个运动员；后来你是个高级运动员，配了几个助手；而现在你变成了教练，你需要指挥整个队伍，让他们替你去拼搏。你需要手把手培养一些年轻人，手把手教他们怎么做。你需要熟悉每个人的特长，需要给每个人安排一个合适的位置。你需要组建企业文化，把一群人变成一个人，让杂乱无章的力量往一个地方使。

到了 4.0，问题就更多了。企业规模大了之后，你会发现连做常规管理的时间都不够了，你会发现有些领域连你自己都不精通了。这个时候，你就需要挖掘和培养一些管理者，让他们接替你，担起教练的责任，指挥好一个一个的团队，培养一批一批的年轻人。你的角色又提升了，变成了更高级别的管理者。在这个层次，你不用什么都擅长，也不用什么都懂；你要做的，是想尽一切办法找到更多的优秀管理者，并帮助他们不断地去提升。你需要用更大的框架，来提升自我的认知、协作的认知、管理的认知，来建立整个大团队的终极使命。

5.0 就更难了，几乎是行业中最顶级的 0.001%。绝大部分企业家，都止步于 4.0。二者的区别在于，一个是企业领导，一个是企业领航者。领导是一个职责，而领航者是一种精神，是一种图腾，就是你的存在给了这个团队极为清晰的使命和价值观，让整个团队有了生命的意义。

所以我们说乔布斯是企业领航者，我们说盛田昭夫是企业领航者。企业领航者需要洞察产品、人性和技术之间的奥秘，需要制定精准的战略，需要保证业务、人力、财力三位一体去作战，需要让一个无限庞大的组织依然可以充满效率，依然可以快速生长、自我代谢、自我进化。在这个阶段，企业变成了一个活生生的有机体，仿佛一个高阶的生命体，几百万个细胞同呼吸、共命运，为了一个目标共同努力。

它需要把减熵做到极致，需要想尽一切办法对抗时间、对抗低效、对抗衰老，想尽一切办法让自己活得更久一点。

可遗憾的是，在时间面前，再伟大的企业，也终究是要没落的。索尼不例外，苹果也不例外。

好不容易做到极致，却发现没有办法打败时间，这就是企业家的宿命，用毕生的精力去对抗生命的虚无，孤独地在没有一条尽头的路上前行。

一个人，一辈子。

做任何选择都意味着，
你放弃了千千万万的其他选择，
这本身就是风险。

PART 4

思维陷阱：
聪明的人都会避开

免费的真相：
三个免费经济起飞

养孩子应该免费，从幼儿园到大学毕业，这样才有更多的人生孩子。

老人看病应该免费，65 岁以后都不要钱，这样大家才能安心奋斗。

高速公路应该免费，这样流动性才会增强，整个经济才能活跃起来。

这是专家说的"三个免费"，让中国经济起飞。这条视频播放量 10 万 +，我感到深深的悲哀。

我悲哀的是，为什么免费的这么少？

为什么吃喝拉撒不能全免费，这样生孩子的不就更多了？为什么看病医疗不能全免费，这样压力不就更小了？为什么高铁飞机票不能全免费，这样流动性不就更强了？

好，你开始觉得哪里有点不对了，但又说不出来原因，对吗？

其实一句话就解决了，全免费等于全收费。

同样的问题，你换一个问法不就好了？

隔壁老王喜得贵子，你帮他把孩子养到 18 岁行不行？ 隔壁老王爹妈看病，你帮他出医药费行不行？ 隔壁老王全家出游，你帮他报销来回路费行不行？

你会说凭什么是我？

因为免费。所有人都不要钱了，就等于所有人都要交钱。

免费的才是最贵的。

免费的景区就是最贵的景区，你永远挤不进去。免费的停车场就是最贵的停车场，你永远找不到位置。免费的高速就是最贵的高速，你永远会被堵在路上。免费的高速就是最贵的高速，你永远要在绿化带里面看到垃圾。

市场经济最大的魅力在于价格，有了价格，才有了信号灯，资源才能有效调配，物尽其用，减少浪费。取消了价格，就好像取消了红绿灯，每个人看似都不用等红灯了，但路口永远过不去了。

经济的核心要义是效率。资源永远是稀缺的，人永远是不够的，那么有限的资源和人力，放到什么地方才可以产生更大的价值？ 每个人都说自己需要，那么到底谁更需要？ 这个时候，价格出现了。

市场经济，国富民强。如果你想要经济发展得更快，请尊重市场的规律。

当你在呼吁免费的时候，别忘了，你就是那个埋单的人。

风险收益：
小伙子给我加油干

你肯定听过这么一个段子，而且十有八九掉进段子的坑里了。

那天，老板买了辆宝马，专门把我叫过来说："小伙子，看到我这个宝马没？"

我说："看到了，哎哟，真漂亮。"

然后老板拍拍我肩膀，说："加油干小伙子，你相信我，只要你好好干，到明年这个时候，我还能再买一辆。"

你就说这个段子写得好不好吧？

非常好，这就是语言的艺术。可问题在于，人生不是用来听段子的，人生，是要讲道理、干实事的。

那请问这个段子，它致命的 bug 在哪儿啊？

你要是隐隐觉得哪里不对，但是又说不出来，哎，瞧好了。

其实破解这个段子，问老板一个问题就够了。

为什么不继续招人？你再招 100 个员工，不就多 100 辆宝马了？

那 99 辆你不要，你傻呀。

好，问题来了，那老板为什么不继续招人呢？

答案是招不了，招一个就会亏一个。

一个稳定企业当前的员工数量，就是它能招聘的最大数量。

如果一个企业的规模稳定在 100 人，那么就意味着第 101 个人的收益为负。

这个我在我的经济学课程里面写得非常清楚，企业的规模由谁来决定，我就不详细论述了。你就记住结论：能决定企业规模的，不是老板的意志，而是效率。怎么理解效率？举个例子，把一个细胞放在盐水里，如果细胞的盐分多，水就往里渗，细胞就会变大。那如果周围的盐分多，水就会往外渗，细胞就会变小。一直等到两边渗透压相等，细胞的大小就固定了。

这个固定的大小，就是企业效率最高的规模。

有人说："哎呀，你说的不对，老板他明明每个月赚那么多钱，每年还有那么多的利润，怎么就招不了员工了呢？"

小伙子，你有这种认知，还好没去做生意啊，不然你会连底裤都赔光的。

老板赚的是什么钱？是风险的钱。所有的风险，都是老板的风险。什么供应链的风险、人员的风险、管理的风险、经营的风险、市场的风险、政策的风险、各种不可抗力的风险，统统都是老板的风险。

比如说你开个烤串店，结果地上掉根签子，把顾客的脚给扎了，哎，赔了 20 万元。你说这事儿根本想不到该怨谁，当然怨你这个老板啊，我管你想不想得到，在你店里吃的饭，出了任何事儿都是你的事儿。

你开一个游戏公司，招来几个程序员，结果有人学艺不精，不小心把硬盘格式化了，或者一个误操作把核心数据给删了，好，这一下直接归零了。你说这事儿怨谁？ 还是怨老板，谁让你找不对人的，谁让你不会看人的，谁让你不做好数据容灾的？

你弄了个跨境电商，结果产能爬坡死活上不去，你觉得必须更新生产线，抵押厂房借到 800 万元，安装完毕、调试完毕，人员培训也完毕了，结果市场变天了，产品没人要了。你说这事儿该怨谁？ 还是怨老板，谁让你判断失误的，我管你是不是不可抗力，反正是你借了 800 万元，这钱就得你还。

这就是老板的风险。

要想做好企业，你必须有足够的冗余，你要考虑风险，你要做好研发，你要做市场宣传，你要管理供应链。边边角角需要钱的地方，全部都得考虑好，少一点都不行。否则稍微有点风吹草动，你的公司就撑不下去。

冗余就像车里的灭火器，可以不用，但是不能没有。

省掉这个，是要出人命的。

市场经济，永远是一份风险一份收益，收益之所以少，往往是因为风险小。

想要高收益，你可以不打工，可以做合伙人嘛。有很多这样的企业合伙人，几个人把房子、车子都卖掉，全部押到这企业上。他们说，不要给我提工资，我不要旱涝保收，我就要赚大钱，赔了我认，房子、车子我不要了。

这就是风险和收益的对等。

不要把老板和员工对立起来，大家都是市场的一分子，没有谁比谁更高贵。员工离职可以自主创业，成为一个新的老板；老板破产也可以打工还债，成为一个新的员工。

一份风险，一份收益。

不要拿搞笑段子去指导人生，否则你的人生就是个搞笑段子。

稀缺为王：
第三名吃亏定律

为什么老大和老二打架，结果老三消失了？

比如王老吉和加多宝打了十年架，结果呢？和其正淡出了。

类似的还有很多，比如，滴滴和快的打架，Uber 淡出了；饿了么和美团打架，百度外卖被收购了；支付宝和微信支付打架，云闪付淡出了。

这到底是咋回事？老三到底惹谁了？经济学怎么解释？

不要去看那些长篇大论，其实答案只有两个字：稀缺。

首先是消费者精力的稀缺。精力这个东西，永远是不够用的。任何一个细分领域，你都只能记住头部的第一个，对第二个的印象就会直线下滑，第三个基本就没戏了。

比如世界最高峰是珠穆朗玛峰，学过小学地理的人都知道。可是第二高峰呢？叫什么名字啊？这个问题可能马上就能筛掉 90% 的人。你说我知道，叫乔戈里峰。好，那第三高峰叫什么呢？你要不是玩登山的，基本上是答不出干城章嘉峰的。

再比如第一个登上月球的人是阿姆斯特朗，好，那第二个登上月球的是谁呢？是奥尔德林，仅仅是晚了一步，他就没几个人记得了。那第三个登上月球的是谁呢？ 你百度的时候，都得翻几页才找得到，哦，原来是叫皮特·康拉德。

看到了吗？ 你只能记住头部。

为什么精力这么稀缺？ 因为人的脑容量有限，每看到一条信息，都要衡量一下相对价值。比如你要我记住全世界前100的高峰，好，那请问除了第一个，剩下的99个名称对我来说有什么意义呢？ 我为什么不能腾出一些位置，记住第一个登上月球的人，第一个发现青霉素的人，第一个横渡大西洋的人呢？

这就是精力的稀缺。

王老吉和加多宝分家之前，大家印象中就是王老吉第一，和其正第二，虽然和其正被挤得很小，但是好歹能让人记住。可是一旦老大分家闹掰了，铺天盖地地打官司，那人们的绝大部分精力就会被它俩抢走，最后大家关心的就是，怕上火到底应该喝哪个？ 谁才是正宗的红罐凉茶？ 至于第三名，哦，对了，还有第三名呢，你不说我都给忘了。

其次是渠道的稀缺。

我们前面聊的都是 C 端，也就是消费者端，可是对于快消品来讲，B 端渠道也极度重要。

C 端关键是消费者知不知道你，B 端关键是消费者能不能买到你。

可问题在于，两个老大一打架，把渠道资源也抢走了，广告位和展示位也是有限的，货架就那么大，好位置就那么多，你说应该放谁的？

　　以前只有老大和老二，二者好歹能占到一个位置。可是老大一旦分裂成两个，那就麻烦了。两个老大都想把好渠道抢过来，都在不惜血本往里砸钱，都是打红了眼想干掉对方，那结果呢？结果就是竞争门槛会无限抬高。那对于无辜的老三来说，要么你花更多的钱排到前面，要么你就被摆到更不显眼的地方。

　　前者导致利润减少，后者导致销售量减少，没有第三条路。

　　为什么老三出局了？ 因为稀缺。

接力人生：
什么是真正的公平

接力赛进行到第二棒，所有人都在拼命奔跑，一个选手举手示意："裁判，能不能把其他人的成绩都取消了？"

为什么呢？

因为他们的第一棒跑太快了，我就落后了，不公平。

如果真有人敢这么说，观众一定会把他轰出去。

道理很简单，你要是觉得跑得慢，应该埋怨你的第一棒，而不是你的竞争对手。

可同样的问题放在其他地方，很多人就看不清了，比如很多人会对比不同家境的孩子，然后眼泪汪汪，说太不公平了。

家境好的孩子，有更好的教育，有更多的资金，有更广的资源。可家境差的孩子，什么也没有，人家要从零做起。这种比赛没法打，因为不公平。

如果讨论公平，你就要知道这个世界是有两种公平的：结果公平和过程公平。

如果追求结果公平，那就没有比赛的必要，任何比赛你发四个第一就好了。

可你要是追求过程公平的话，就得问清楚，整个比赛有没有人犯规，有没有人跑过来绊你一脚？

只要没有人犯规，这就是过程的公平。如果你嫌起步晚，应该问一下你的上一棒，人家拼命跑的时候他干什么去了。

家境也是一样的。如果你抱怨不公平，也应该问一下你的"上一棒"，有人辞职下海、日夜拼搏、背水一战的时候，他是不是躺在自己的安乐窝里，死活不肯迈出一步？

努力奋斗是为了让下一代过得更好，如果这个都有错，那为什么还要奋斗呢？

有人说，富人钱不干净。可是你要知道，改革开放40多年，你看到的许多富人的钱，都是这40多年之内挣的。谁能吃苦耐劳、谁敢承担风险、谁会把握机会的人，谁才更有可能拥有更多的财富。

当年的小岗村的农民，为了改革把孩子托付给其他村民。

当年的三通一达创始人，为了做快递几乎押上全副身家。

更近一些，这些互联网企业，这些你手机上的App，某音某手某红书，某团某滴某多多的创始人，大多是普通家庭出身，曾经属于工薪阶层，没背景、没资金，也没有关系。

那他们是如何一步步走到今天的？

他们有抱怨赛道的不公平吗？

他们有说某狐某浪把钱都挣完了吗？

其实很多人弄反了，他们钱越多，就越舍得花钱买时间；他们公司越大，留出的细分市场就越多。

从来没有机会被抢完一说。不相信这个，你就永远走不出来。

先发者在规则之内拼命创造领先优势，这本身就是公平的一部分。如果别人这么努力，你一进来，大家就得清零，这不叫公平，这叫清场。

游戏都不敢这么设计。

人生是一个接力赛，从来没有一代人的竞争，每一代拼尽努力，成绩才能代代相传。

如果觉得落后，那就不要怨天尤人。少抬杠，少争执，关掉手机，拒绝放纵，从现在开始努力。

世间只有一种不公平，就是别人努力的时候，你却在抬杠。

精准分析：
战争中的经济学家

在战争当中，经济学家可以干吗？ 最让人意想不到的是情报分析。经济学家的分析能力有时甚至比专业情报机构还要精准。

比如"二战"（第二次世界大战）的时候，盟军想了解德国境内的伤亡情况，那怎么入手呢？ 经济学家想到一个办法，他们搜集德国各地的报纸，尤其是地方版的讣告。为什么呢？ 因为德国文化长久以来对讣告相当看重，对死者的生殁年、职业、阶级、服务单位、死亡地点都有详细的记载，因此拿到讣告就能反推伤亡。于是美国通过驻瑞士的领事馆来搜集德国各地的报纸，样本数大概是德国报纸总量的1/4。通过讣告分析，最终得出两个结论。

第一，每阵亡一个军官，就会阵亡 21.2 个士兵。通过阵亡军官数量，就可以反推军队的伤亡。

第二，德国入侵苏联之前，已经损失了 11.4 万名官兵。而后来的真实数据是 13.4 万，非常接近。

用同样的方法，他们还发现了两个未知的炼油厂。他们还是通过搜集报纸，分析铁路费率，发现石油有个优惠税率，而且战争开始之后，这个税率表并没有发生变化。这样就存在一个漏洞：哪怕你的商品的实际流量是保密的，我也可以通过税率表看出哪些线路携带了石油，然后借助德国的货运时间表，综合分析，定位了两个之前未知的炼油厂，再派出飞机去侦察，果然有。

此外，他们还成功预测了哪些工厂正在启动，切入点也是运费，因为一旦工厂启动，就需要大量煤炭，进而需要大量运输，进而增加经济规模，导致运费下降。

其实经济学家最擅长的还不是这个，他们更擅长的是军备估算。

在他们之前，盟军的情报部门估算产量，通常采用的方式就是审讯战俘。可是这个信息极度不精准，因为很多战俘自己都不知道产量到底有多少，所以信息会有极大的偏差，比如美国的航空情报部门 1940 年就高估了德国的空军力量，高估了近 10 倍。

但经济学家估计得就很精准，请问他们是怎么做到的呢？

他们从缴获的德国轮胎入手，分析序列号，发现样本占德国轮胎生产总量的 0.3%，又确定了 70% 的轮胎是来自五大制造商的，进而估算出德国消耗天然橡胶与合成橡胶的比例，发现德国的橡胶资源极度匮乏。

当时情报部门的数据是：德国在 1943 年的时候，每个月能生产出 100 万条轮胎，但是经济学家估算只有 18.61 万条，战后的实际调查数字是 17.55 万条。类似的估算，还用在这种坦克、战斗机、机枪，还有 V2 火箭的生产上面。比如情报部门估计 1942 年 8 月，德国坦克的产量是 1550 辆；但经济学家觉得不对，他们分析缴获的车辆和记录本，获取了 1200 个坦克的序列号，然后，他们发现只有两个制造商来生产发动机，变速箱也只在两个工厂生产，那么最终坦克装配上的数量就比之前预估的少很多，他们算出来的是 327 辆，战后的调查结果是 342 辆，相差无几。

战争也要考虑性价比，要精算如何以最小的代价来达到最大的破坏效果，比如轰炸，应该先炸哪里，应该炸多少？这些经济学家利用德国的空照图，通过成本收益来分析，发明各种计算方程式，反复研究各种方案，发现其中效果最好的就是炸油库。

1944 年 3 月，德国空军的油料产量高达 18 万吨。持续轰炸后，6 月的时候就只剩下 5.4 万吨，然后 9 月的时候就剩下 1 万吨，已经彻底失去了反击能力。

通过统计分析工具，对有限样本做科学评估，帮军方锁定权重点，定位敌方的致命弱点。这些，就是战争中经济学家能起到的作用。

羊群效应：
经济学的羊群效应

　　为什么这么多人喜欢听我讲经济学？因为我不是一个人在战斗，我背后是米尔顿·弗里德曼，是罗伯特·扎克菲尔，是马里奥·弗里德里希。

　　不是我在跟你们讲，而是他们在和你们讲。如果我看得远，仅仅是因为我站在大师们的肩上。

　　听起来很酷对吧？哎，不好意思，我告诉你，除了第一个人，后面几个人都是我虚构的，根本就不存在，是我瞎编的，没有这几个人。

　　好，问题来了。

　　你刚刚为什么觉得我讲得有道理？因为我一脸严肃地在跟你讲权威人士。大家会迷信权威，会敬畏权威，会默认权威就是对的，他们甚至不去考察权威到底是不是真的。

　　这叫什么？叫羊群效应。

　　这是一种群体属性，大家会崇拜权威，会跟风判断。

　　如果你觉得："有趣，哎，这家伙有意思，整个短视频行业没见他这么玩的。"

　　别着急，后面还有更好玩的。

我们严肃讨论一个问题：为什么会有羊群效应，羊群效应是不是傻？ 我说几个权威名字，你就信了，被我带到现在，是不是愚蠢？

回答这个问题之前，我们先回忆几个熟悉的场景。

比如去餐馆吃饭，你怎么知道哪一家更好吃呢？ 答案是看人数，哪家人多就去哪家。

再比如网上购物，都是卖砂糖橘的，你怎么知道哪家的甜呢？ 答案是看评价啊，谁的好评多，我就买谁的。

再比如短视频，你打开博主的首页，上百个视频，你怎么知道哪个好看呢？ 答案是，看点赞数最多的。

以上种种，全部都是羊群效应。

请问，消费者是不是愚蠢？

当然不是啊，消费者非常精明，一点都不愚蠢。

我们一定要分清楚对的方式和对的结果。

为什么消费者会从众？ 因为不从众的代价会更高。从众会出错，但是不从众出错的概率会更大。你看到的是羊群效应会出现荒唐事，你看不到的是随意选择会出现更多的荒唐事。

羊群效应之所以存在，是因为它在策略上最优。

所谓羊群效应，本质上就是信息成本。哪个方式的信息成本低，消费者就选哪个。这是一个非常英明的决策，绝对不是愚蠢的。

我不知道哪一家店好吃，要么我一家一家吃过去，不好吃我就换一家；要么我选一家人最多的店、大家都喜欢的店，大概率是不会错的。这背后，就是信息成本。

同样，我不知道哪个视频更好看，要么我这一下午不干别的，一个一个视频看下去；要么我选一个点赞数最多的视频看。这背后也是信息成本。

如果有人觉得用户愚蠢，那是他忽略了，信息本身也是一个商品，是一个付费制造的商品。

你是选对了，你是避免了误差，可你的信息成本太高，综合下来，那就不是最优解。

再有人跟你嘲笑羊群效应时候，你就冷冷回一句："信息本身就是商品。"

你以为这节要结束了吗？ 没有。

还有一个问题没解决：什么情况下才应该避免羊群效应？也就是说，什么情况下，不跟风才是更好的策略？

答案是：那些极度重要的事情。

比如选城市，选工作，选专业，选房子，选另一半，这些事情一定要避开羊群效应，一定不要跟风判断，一定要自己彻底研究清楚。因为这些事情一旦出错，代价会高到不可接受，在这种情况下，信息成本低就变得毫无优势，独立判断才是更优的方案。

选错了餐馆，大不了下次不去了；选错了另一半，后半生可以重来吗？

经济学讲究代价，任何时候精力都是有限的。什么时候用什么策略，才是大智慧。

庞氏骗局：
庞氏骗局是怎么回事

庞氏骗局听过吧，那个叫查尔斯·庞兹的人到底干了一件什么事，能够让这么大的一个骗局，以他的姓氏来命名？

什么是庞氏骗局？ 就是拆东墙补西墙，用新人的本金还老人的利息。不要以为很简单，那是我们从今天往回看，但是回到当年，你真不一定能看出来哪里有问题。

不信你试试。

整个事情是源于欧洲的一个邮政票据。

所谓票据，就是一个代金券。比如说你从法国往美国寄一封信，然后在信封里面你附上一个邮政票据，收件人就可以用这个当邮资来给你回信。

好，就这一句话，就出现了一个套利模型。

当时是第一次世界大战刚结束，经济体系还比较混乱，票据价格不统一。比如在法国，1法郎的邮政票据售价是2美元；而到了美国，1法郎的邮政票据售价是3美元。这样就能从法国用2美元买一张邮政票据，到了美国就可以白赚1美元。

好，那把这个事情放大1000倍、1万倍、100万倍，赚的钱不就可以放大 1000 倍、1 万倍、100 万倍？

如果我没有钱，我能不能去借 1000 个人、1 万个人、100 万个人的钱，再把它放大 1000 倍、1 万倍、100 万倍呢？

好，考察洞察力的时刻来了。就是这么一个模型，请问到这一步为止，它有没有问题？

注意啊，目前还不涉及拆东墙补西墙。请问有没有问题？

有问题，而且至少是两个致命的问题。

第一个，放大。

凡事不可以简单放大，你把蚯蚓放大 1 万倍它就憋死了，因为它靠皮肤呼吸，体积按立方增加，皮肤按平方增加，它供氧跟不上，它就死了。

票据也一样。你换 1 个没问题，换 100 个也没问题，但你换 100 万个的时候就出问题了。因为它没有那么大的市场，它并不是一个大规模使用的票券，它是有上限的。所以你想赚钱，也只能赚一点点零花钱，再往上就到顶了。

第二个，摩擦力。

你真要去赚那个零花钱，也没有那么容易。你要搞定供应链和物流网，这一块可是要成本的。人力和执行成本是非常贵的，搞不好你是要亏本的。

当时庞兹收到的是一封从西班牙来的信，如果在西班牙和美国之间来回倒的话，不算交通费，差不多可以赚 10%。可问题就在于，真要去做了，这 10% 的利润就没了。

因为摩擦力太大了，各方面成本会远远覆盖这 10% 的利润。

这个就是想法和现实之间的距离。

可问题在于，用户不知道啊，比如前文提到的那一步，很多人是看不出来有问题的。他们看不出来，那不就是"商机"吗？

我就告诉你，经济越差、货币贬值越多的国家，买卖票据就能套到越多的利润，最多可以套到 400%。这里面有经济学的逻辑，有国际贸易的概念，有各种时髦的元素，听起来自圆其说。

所以，把你的钱给我，我来做这个套利，90 天就能获得 50% 的收益，你给我 1000 美元，三个月之后还你 1500 美元，你觉得好不好？

不信没关系嘛，你就问问你邻居，他在我这儿买过，你就看他赚不赚钱，你不就知道了嘛。你不愿意赚，那就让别人赚呗，看你能不能扛得住。

到后来呢，他又升级了一个 2.0 的：90 天太久了，缩短一半，一个半月，我给你 1500 美元，你觉得好不好？

2.0 的已经很疯狂了，但是他又想起一个 3.0 的，就是能不能裂变呢？

我一个人的力量是有限的，可是我复制这套方案呢？我培训一些人，这些人再去培训其他人，发展一个金字塔的结构。把一个人变成一个组织，用组织的力量去吸钱，拉一个人我返你 10% 的提成，你就说干不干吧。

这样就可以层层推进，无限裂变。

病毒是怎么复制的？ 就是这样。

在欲望面前，人是不去追求细节，不去追求真正的对与错的。

当年报纸上写的银行的年息是 5%，也就是无风险利率是 5%；而报纸广告上还写了庞兹向投资者支付了百万美元。

据说当年给庞兹交钱的人络绎不绝，排队排得走道里面水泄不通，一直排到他的办公室，每个人的眼睛里都在放光。

当时投钱的什么人都有，三教九流、蓝领、牧师、政客、家庭主妇，还有波士顿的名门望族。在最高光的时刻，75% 的波士顿警察都投钱进来了。

还有人敢怀疑他吗？

好，那最后是怎么发现有问题的呢？ 是靠事实和数据。有人研究这个模型的时候发现，要满足所有投资人的钱都能挣钱，需要有泰坦尼克号那么大的船，装满票据往返于大西洋之上，可事实上并没有这样的船。

另外，如果要满足这些收益，市场上必须有 1.6 亿张邮政票据流通，但是整个市面上只有约 27 000 张。

因此，那就只有一种可能：骗。

最后的结果是 5 家银行和一家信托公司倒闭，4 万多投资者血本无归，毕生的积蓄，没了。

从古至今，有无数的骗局及其无数变种，无非就是利用专家，利用媒体，利用贪欲，利用群体性来给你设局。

当你遇到这种抉择的时候，当你遇到利益和诱惑的时候，不要看专家怎么说，不要看媒体怎么报道，不要看别人有没有挣钱。你唯一要看的是数据和逻辑。

商业谎言：
强者恒强，弱者恒弱

强者恒强，弱者恒弱，这是我听过最大的商业谎言。

思考一个问题：一个企业到底为什么大？更进一步，企业能不能无限大？比如，一个国家就是一个公司，或者说一个地球就是一个公司。那为什么同时又会有无数的小公司呢？决定公司大小背后的手到底是什么？或者更进一步，企业为什么要存在？世界上为什么一定要有企业？世界上为什么不只有一个一个的人，为什么要注册公司？这是在经济学中非常著名的一个问题，回答者叫罗纳德·科斯，他写了一篇文章叫《企业的性质》。他提出了一个极其重要的概念：交易成本。也就是说，企业存在是为了降低交易成本。同样一个事情，交给一个企业去做，会比一个一个的人杂乱无章地做要高效很多。也就是说企业是为了效率而存在的。有企业是为了更高效。

比如你去开发一个 App，你当然可以不成立公司，你到处去找人，但是问题是，你需要跟每个人去沟通，你的沟通成本无限高，相互之间的协作效率无限低下，会出现无数不可控的问题。可是如果成立一个公司呢？你就可以把这些人集中在一个公司里，把他们的时间集中买断，让大家在这段时间就只做某件事情，告诉大家应该怎么相互协同，这样效率更高，交易成本更低。

明白这个之后，我再问你企业为什么会变大？你要知道，当一个企业越来越大的时候，它内部的管理成本，沟通的复杂度，汇报的层级、交叉度、重复度都会不停地上升。那它为什么还会变得越来越大？因为有一个更重要的因素：企业变大所增加的效率会大于它的内耗所降低的效率。

比如卡耐基为什么要整合美国钢铁行业？因为整合之后，原本分散的几十家钢厂可以共享铁轨、码头、货栈、炼钢设备这些资源，甚至可以集中高炉。这些东西带来效率的提升，远远盖过它内部复杂度提升导致的效率降低，因此它才会变大。

那它能不能进一步变大呢？可以。

只要它的效率为正，比如说卡耐基整合了全美国的钢铁行业，然后他觉得还不够，他还要整合上下游，包括上游的铁矿石，下游的汽船运输业。这一切还是为了降低成本，因为高炉一旦开工，那么突然性的停工就会导致设备报废，损失惨重，所以钢铁行业也必须保证铁矿石供应的持续和稳定，那么入股矿山就是最好的办法。

那企业能不能无限变大呢？不能。

因为随着它继续扩大，它内部的阻力就会变得越来越大，一直大到抵消它所有新增的效率。

这个时候企业的大小就固定了。

就像一个细胞，内部含盐量如果高于外部，那么它就会一直吸水，一直到内外渗透压相等为止。

所谓的内部阻力变大，我们举个例子，比如公司大到一定程度，各个部门就会出现左右掣肘的情况：每个人看起来都很努力，每个人都在为自己的部门去拼命，但是合力为0。比如当年百度在拼命追赶淘宝，他们推了一个产品叫有啊，电商部门熬夜加班优化产品，希望能够赶超淘宝。可是与此同时，百度的大搜索部门接淘宝的广告接到手软。然后每个部门都可以义正词严地说：我在为公司的利益努力。

最经典的例子，就是当年的通用汽车创始人杜兰特发明的企业联盟。当时杜兰特通过收购，建立了一个企业集团，从汽车零部件到整车制造，无数企业都是同一个集团下面的。这个策略一度非常成功，但是后来出问题了，比如集团最开始创立的时候，采用的是零部件供应商的模式，也就是集团下企业的零部件50%卖给通用，50%卖给其他车企，可是在集团不停地收购之后，企业的零部件就100%卖给通用了，就完全变成了内部企业左手倒右手。这样，集团对成本和质量都无法把控，内部的管理成本就无限飙升。

市场经济中，效率才是关键。决定企业规模大小的，是效率。

只要效率为正，企业就会一直扩张、一直扩张，到边际收益为0才停止。

只要每招聘一个人、每开一家分店，都能为公司带来收益，老板就会一直招人、一直开分店，直到新开的分店亏损倒闭，各店盈亏平衡时，才会停止。也就是说如果一个企业的员工稳定在 100 人，就说明第 101 个人的收益，为负。

真正影响企业规模的，并不是初始值，而是加速度。企业并不是因为大所以大，而是因为有效率，所以才能持续变大。无论你的企业有多大，只要你的加速度为 0，甚至为负，那企业就一定会垮下去，无非就是早一天晚一天的问题。世界上那些消失的 500 强企业大多不是被对手打败的，而是被自己压垮的。这个世界上根本不存在强者恒强。当强者越变越大的时候，就好像一个车越开越快，虽然它的速度越来越快，但是它的加速度却在不停减小，一直减小到 0。这个时候整个车是以一个极高的速度在前行的。这看上去是一种优势，但是它存在另一个问题：拐弯。一旦拐弯，它就会有整车翻倒的危险。可是问题在于没有人告诉你，它开的方向一定是对的。

世界上第一台数码相机，就是柯达自己发明的。一个胶片行业的巨头，它自己发明了数码相机，然后它自己又被数码相机给打倒了，为什么？ 那么好的资源，那么领先的优势，为什么他不做？

首先，你怎么确定它一定是未来？ 你如果是一个初创型的企业，你去做当然没问题，因为反正你也没有什么损失。可是你是胶片行业的第一（number one）。你这个时候去做数码，等于说左手去抢右手的生意。你的损失无限大，无论是你的沉没成本还是你的机会成本。你已经在胶片上投入了这么多了，这个时候你要转行去做数码，沉没成本太大。你已经在胶片上能赚这么多钱了，活得这么舒服了，你这个时候去做数码，会耽误你赚钱，机会成本太大。而且更关键的是，谁告诉你数码就一定是未来？你说是未来，那你要不要下注？你要是下注错了，大家要不要陪你一起输啊？

所以你可以假设一下，哪怕你从今天穿越回去，你去说服柯达的高管做数码，你也说服不了。为什么？因为这个事情不是由高管决定的，是由既得利益集团去决定的，也就是由这个公司的基本盘决定的。什么是公司的基本盘？你有没有想过，柯达的高管，为什么能成为高管？是因为他胶片业务做得好，他才能成为高管，于是就产生了利益相关。这个时候如果有人发出一些反对胶片的声音，那么他大概率是要被赶下台的。既得利益者觉得利益受损，会反对他；外部的供应商觉得利益受损，会反对他；渠道商分销商觉得利益受损，也会反对他。一个公司，它并不是一个孤立的存在，它和上下游供应商、分销商、顾客之间形成了一个网络，而这个网络已经按照之前的模式高度进化。因此哪怕你是企业董事会的最高决策者，你推行变革也会困难重重，因为你在破坏基本盘。

这个基本盘是怎么形成的？是通过对以往的市场趋势下重注形成的。也就是柯达是针对当时的环境极致进化的产物，它每一寸结构都是为了胶片那个生态系统而进化的。在这个进化的过程中，它会投入大量的金融资本、人力资本、社会资本，然后固化在这个方向，从而使得这个方向的优势越来越明显。之所以能排到第一，是因为它进化得比任何人都适合这个生态系统。可是问题在于，如果生态系统变化了呢？一旦有任何的风吹草动，那么既往的优势就会成为巨大的障碍。你越是针对一个系统极致地进化，就越意味着系统有任何的风吹草动，你是第一个活不下去的。这就是为什么那些巨无霸公司大部分是被自己压垮的。效率在迭代，社会在进步，生态系统在升级。每一次的升级都会强制性淘汰掉这些不适应的巨头，然后产生新的巨头。每一次都是新人崛起的机会。

你看，虽然有 500 强名单，但是名单在不停地变化。1915年道琼斯 30 只股票，迄今只有通用电气（GE）还存在。1900年全美国最大的 100 家公司，迄今有一半倒闭，约一半被收购，活下来的不到 5%。大企业尚且如此，何况那些小企业呢？放眼整个市场：永远有老人被淘汰，永远有新人挤进名单，永远没有固化。

盈亏真相：
会计成本与机会成本

为什么有些人只能做点小生意，而有些人可以做成大生意？

同样是白手起家，为什么最终差距这么大？

因为能量转换模型完全不一样。

那些做小生意的，看的是会计成本；而那些能做大生意，看的是机会成本。

什么叫会计成本？就是账面上的盈亏。这个钱进了我的腰包，账面上它是增加的，我就觉得自己赚了。

而真正能挣大钱的人，从来不看账面数字，他们看的是普通人看不到的那一块——机会成本。

我给你举个例子，你让巴菲特去大街上捡瓶子，一麻袋瓶子换了20美元，一分钱投入都没有。

请问，老爷子是赚了还是亏了？

会计成本上看是赚了，没投入嘛，会计成本是0，收入是20美元，所以他赚了20美元。

可是机会成本上看，他亏了。

因为他真正的成本是，他在同样的时间里，能不能做更重要的事情；他同样的能力，能不能花在回报更高的事情上；所以从这个角度来看，他是亏的，而且一天亏了几亿美元。

鱼，意识不到自己在缸里；人，意识不到自己在坑里。

永远记得，如果你想赚更多的钱，就一定不要盯着眼前。会计成本不重要，你算真正的盈亏应该跳出圈子，从机会成本的角度去衡量你的投入和产出，在你赚现在这笔钱的时候，仔细想一想，有没有错过更大的机会。

忽略这个，你就会在旋涡里不停地打转，最后内卷到你扛不下去，然后挂掉。

你看很多行业的人，为什么都感觉生意越来越难做，到手的钱越来越少？

正常啊，因为大多数人都不看机会成本。

钱难挣，是市场在用隐晦的方式向你眨眼，让你抬头看看更重要的机会。结果呢？面部神经都眨到抽筋了，很多人还是盯着脚下。

他们永远依赖现有的路径，永远盯着账面数字，永远希望它能不停地增加。

不可能的。

任何一个行业能赚钱，就一定会吸引对手。拉平利润，让你感觉越来越难。

这是铁律。

　　如果你真的想赚钱，真正的要点是找一个对手还没有意识到，还做不好，还不知道怎么做的领域，比如 —— 短视频。

　　同样的精力能不能产出更大？ 同样的时间能不能变现更多？ 同样的投入能不能获客更多？ 这就是你的机会成本。

　　不要老觉得我每个月还赚了 2 万元，仔细想想机会成本，错过了短视频这趟高铁，你实际上是亏了 8 万元的。

　　永远记得，机会成本才是成本。

实体亏损：
做生意为何总亏钱

为什么一做生意就亏钱？

因为你做的是实体生意。99%的人做实体生意，做一次亏一次。

为什么呢？ 实体和互联网生意有什么不一样的吗？

完全不一样。

互联网生意是水母，看起来很大，但是实际结构相对简单。

实体生意是麻雀，看上去很小，但是内部结构极度复杂。

麻雀虽小，五脏俱全，复杂度比水母高出了好几个等级。

一个有机体，最重要的就是不可分割功能。不可分割功能越多，失败的概率就越高。

比如麻雀，虽然身体小，但是功能多啊。其身体涉及骨骼结构、呼吸系统、生理结构、神经系统、肌肉内脏、生殖系统、循环系统等，有一个功能出问题，麻雀就活不了。

做生意也是一样的，实体店你看上去很小，挣钱也不多，但是复杂度非常高。比如你开个餐馆，你要懂选址，你要懂物流，你要懂供应链，你要懂成本控制，你要懂营销渠道，你要懂消防、卫生、工商税务等一系列环节，有一个环节出问题，你就挂掉了。

很多人的技能是一个点，可是单点突破对于系统来说是无效的，你要提升的是所有环节。

这就是为什么很多人会炒菜，会做饭，却开一家店赔一家店；就是没有掌控系统的能力，稍微遇到问题，就挂掉了。

有的人好不容易开起来第一家店，一扩张，又挂掉了。因为店数一多，做生意的性质就变了，变成管理了，复杂度又上升几个级别。

你不要看只多了一家店，它的难度是要大 10 倍的。

这就是我们为什么这么重视最小可行性产品（MVP），就是要把商业模式简化、简化、再简化为一个最简单的结构，然后去尝试。能赚钱，再继续。

实体生意当然也可以做 MVP，但是很难。你开个餐馆，先推几个月的三轮食品车，很多人接受不了。他们辞职就是为了当老板，怎么可以摆地摊呢？太丢人了。

可是互联网就天然符合 MVP 的模型，特别适合单点突破。它可以过滤掉大部分无谓的功能，可以低成本试错，可以找到一个单点，突破，然后变现。

互联网创业尽管有难度，但是远远不如开实体店的难度大。让很多人实现百万、千万收入的模式，简单得令人难以置信。

因为对互联网来讲，最重要的就是流量。

就是你不要管那些乱七八糟的，你就获取流量。能获取到流量，就能赚到钱，其他的环节你不用想，自然有人过来找你。你只需要关注一个点，就好了。就算你想扩张，也远比实体店容易，你可能只需要增加一排服务器，或者直接升级一下云主机，边际成本几乎是 0。

这样，就特别有利于初创者，因为互联网更看重的是优点，而不是缺点；它更看重的是单点突破而不是组织架构。这样，你就可以把试错成本降到最低，把摔的跟头减到最少。

你只需要想尽一切办法，用尽一切努力去找流量，找流量，找流量，就可以了。

为什么短视频是普通人最好的机会？ 懂了吧。

不要一天到晚想着开实体店，当心把家底亏光。

创业思考：
创业不要理想主义

很多上班族会纠结一个问题：挣得太少了，你说我辞职创业，做点自己喜欢的事怎么样？

创业不要有理想主义，真实的创业远没有想象中那么简单，绝大部分创业是以失败告终的。如果你真的特别想创业，有九个因素，自行核对一下；符合三个以上的不要做，大概率会失败。

第一，不分析市场需求。

很多人特别喜欢拿自己的喜好衡量市场的喜好：我觉得这个东西特别好吃，我就开一个店。结果一开，就挂了。你喜欢，你是消费者。你开店，你是经营者。这是两个角色。创业一定要摸清楚真实的市场需求，弄明白我喜欢的和市场需要的，是两回事。

第二，不会验证商业模式。

很多人不懂低成本创业，不懂低成本验证模式，上来就想做个大的。房子租好，人员招好，什么设备都买齐，觉得指定能赚钱，这种人基本都会血亏。尤其是第一次创业的人，特别容易理想化，没有被社会教育过，一踩就是一个大坑。创业一定要先验证模式，你觉得你的包子好吃，那就先摆摊卖，看看大家愿不愿意埋单，看看到底能不能收回成本。

第三，不好意思丢脸。

创业有无数个地方需要丢脸，比如前期市场调查，你需要去街头，一个一个地拉人问，问的时候还得有技巧，还得跟人聊到心里去，接触到足够多的人，问到足够多的问题，才能拿到一手的市场信息，才能让下一步决策有参考。你分析市场需求，你得问吧；你验证商业模式，你得摆摊吧。这些都是要付诸行动的，都是要到大街上去丢脸的。很多人脸皮薄，不敢丢脸，自己闷在家里想，那就一定会掉进坑里。

第四，不能吃苦。

他觉得上班太辛苦，挣钱少，就想去创业。搞反了，创业比上班苦 100 倍，什么 996，什么 007，在创业面前不值得一提。创业是需要你守在办公室里，一天 20 小时，一个人当三个人使，可能都未必够用的。创业初期往往都是熬出来的，很多活都是很苦、很累、很枯燥的。比如你去调查竞争对手，你每天就守在人家店门口，一天 12 小时，什么也别干，就一个一个地数人数。它开门之前你就到那儿，它关门之后你再走，每天都这样，才能拿到一手数据。但很多人都坚持不下来，因为太苦了。

第五，不懂模式切换。

很多商业都是流量变现，但是同样一些流量，采用不同的模式去变现，效果可能差 10 倍以上。当一个思路走进死胡同的时候，未必这个事情就不能做，你需要快速切换为另外一个可行的思路，有的时候可能就变那么一点点，就会豁然开朗。可困难的是，切换之前没有人告诉你哪个思路是对的，你需要不停试错、反复尝试，尽量找到一个突围的出口才行。

第六，不会及时盈利。

如果你不是做那种有百亿、千亿级的巨兽，不要去考虑烧钱到一定程度再盈利，一定要刚开始就赚钱，一定要赚大钱，赚很多很多钱，这样你才有足够多的利润，才有足够大的容错能力，才能搞定那些看不见的坑。初创者是一定会踩坑的，一定会犯错的，如果你没有足够多的钱，稍微犯一个错误，就挂掉了。

第七，不会快速学习。

创业没有现成的教程，没有老师会手把手教你；就算他想教你，也没有标准答案。创业一定要有快速学习的能力。需要什么就马上学，而且边学边用。产品细节、营销管理、薪酬管理、人力资源、股权分配等各个方面，你要快速学会，不仅要知其然，还要知其所以然。

黑暗中摸索光明，自行判断、自担风险。老板为什么行动力高？因为他们真的是要赔钱的。

第八，不懂组织管理。

创业有不同的级别，1.0是验证模式，2.0是复制扩大。很多人之所以在过了1.0之后倒在了2.0，就是因为管理太难。凡事都不是可以简单放大的，你做出一部手机和你做出一万部手机是不一样的，一到量产就会遇到各种问题。你管理 3 个人和你管理 300 个人也是不一样的，人一多，目标就会混乱，内耗就会增加，效率就会降低。

组织管理是非常难的，那些顶尖的企业家，那些所谓的"经营之神"，用尽毕生精力解决的其实都是这个问题。

第九，没有强大的内心。

创业者要有一个铁打的内心，无论狂风暴雨，无论谁抽你耳光，无论未来有多不确定，无论情况有多危急，都得扛下去，而且是自己扛。你不能跟家人说，不能跟合伙人说，更不能跟员工说。情绪崩溃的时候，就钻到车里哭，哭完之后呢，打开反光镜，确认一下眼泪擦净了，确认一下眼睛不红了，练习一下微笑，笑得开心一点、灿烂一点。对，就这样，好了，可以去公司了。

如果你觉得难，我告诉你，真实的创业比这还要难，还要痛苦，还要无助。如果你一定要创业，千万要想好，绝对不要抱有理想主义。

赚钱效率：
越有钱就越挣钱吗

为什么越有钱的人，就越容易挣到钱？

当你尝试回答这个问题的时候，你已经被我带到沟里了。

这个问题就好像是，你最近还经常打你父亲吗？ 只要你思考是或者否，那就怎么回答都是错的。

回答任何问题之前，先想一想前提有没有错。

你有多少钱和你能挣多少钱，二者完全没有任何关系。

真正拉开财富差距的，并不是初始值，而是加速度。

一个人为什么有钱？ 并不是因为有钱所以有钱，如果这个因果成立，那挣钱是世界上最简单的事，比孵鸡蛋还简单。

没钱你可以借嘛，借 10 万元赚 20 万元，借 100 万元赚 200 万元，你为什么不借啊？ 因为你会还不上啊，你加速度为负啊，真借了那下半辈子就打工还债去了。

挣钱靠的是什么？

是智慧，是勇气，是判断，是效率的提升，是模式的升级，绝不是你现在手里有多少钱。

经济的核心要义是效率，比如一个企业，它为什么能赚钱？因为它的效率是正的，它的加速度为正，它才能用值 100 元的资源去创造 200 元的价值。否则它做得越大，亏得就越多，最后整个企业被活活拖死。

那些消失的巨无霸企业，大多不是被对手打垮的，而是被自己的体重压垮的。

有了效率，才有第一桶金；保持住效率，才会有更多桶金，这才是正确的因果。

有钱并不是护城河，如果没有效率加持，你的钱越多，反而会亏得越多。

无数的富二代，几年之内败光家产；刚接手方向盘，就一脚油门踩到冒烟。

你接手时的车速越快，每踩一脚损失的能量就越多。

相反，那些没有什么资源、一穷二白的寒门，反而有更多的突围机会。

因为突围的另一面是机会成本。速度太快，突然变道会翻车的，可如果你刚起步呢？就没有这种担心了。

比如短视频这个新赛道，什么人尝到了甜头啊？

答案是那些在传统行业里被边缘化的人：我本来就一无所有，本来就不占优势，本来就没有什么可失去的，那为什么不去短视频赛道里拼一下呢？

反而是那些工作越稳定的人，那些现金流越好的老板，越瞻前顾后，越难以 all in 一个新赛道。

等着等着，就没机会了。

回顾一个冷知识：世界上发明第一台数码相机的公司，叫柯达。

风险机会：
稳定才是最大的风险

天底下只有一种风险，就是稳定，稳定才是最大的风险。

如果你想一辈子提心吊胆，如履薄冰，那么请现在立刻、马上去找个稳定的工作。

风险是什么？ 是不确定；而世界上最不确定的，就是稳定。

你给我找找，世上有什么是稳定的吗？

四十年前，进钢铁厂是稳定的。

三十年前，进粮食局是稳定的。

二十年前，进电视台是稳定的。

好，今天呢？

为什么你 35 岁中年失业？ 因为你在以一己之力，对抗经济规律。

你可曾意识到，今天你享受到的一切美好，都源于不稳定。

正是因为马车的不稳定，你才能享受到速度更快的汽车。

正是因为实体店的不稳定，你才享受到产品价格更便宜的电商交易。

正是因为塞班系统的不稳定，你才能享受到更让人惊艳的

iOS 系统。

正是因为高效在不停碾压低效，这个社会才能不断前进，你的生活才会越来越好。

你享受的一切都源于不稳定。怎么可能你自己独善其身，几十年不变？

你知道有钱人和普通人教育孩子的区别吗？

普通人会告诉孩子学个技能，学个本领，搞个铁饭碗，把孩子变成专用件。

他们特别热衷于考证，特别热衷于占据一个岗位。可问题在于，就算你能找到铁饭碗，难度也会无限大，因为每个人都知道它好，那么每个人都会跟你争。

而有钱人教孩子的，并不是具体的方案，而是背后的方法论，是通用件，是随机应变的能力。

有钱人的特点是，嗅觉灵敏，快速切换，你还没弄明白名词呢，人家已经挣到 2000 万元了。

真正的铁饭碗是什么？ 是遵循规律，是切换赛道，是成为抓住风口的那拨人。

你说我就想安安稳稳过一辈子，不冒风险行不行？

不行，因为天底下根本就没有无风险的事情。

风险的背后是亏，而亏的背后是机会成本，是你选了这个就错过另一个。

你选了这个大学，就错过另一个大学。你选了这个城市，就错过另一个城市。你选了这种人生，就错过另一种人生。

就连你买根大葱，都有风险，你怎么知道没有更便宜的？你怎么知道自己想买更便宜的，就一定能买到，而不是无功而返？

做任何选择都意味着，你放弃了千千万万的其他选择，这本身就是风险。

世间最大的愚昧，是追求一个不存在的东西。

交易本质：
共享充电宝涨价了

共享充电宝涨价了，某品牌从 1 元每小时涨到 4 元每小时，怎么看这事儿？

简单。

可是你到底想听真话还是想听假话？

假话很多人都已经说过了：企业太"坏"了，最开始让你免费用，然后 1 元一小时；等你习惯之后，涨到 4 元一小时，你想用，就只能花 4 元，白白被多赚了 3 元。

基本都是这样，几乎没有第二个切入点，全都是在愤怒上下功夫。你不爽，他们就去骂；你点赞，他们就赚钱。

可是在信息泛滥的时代，在个性化推荐的时代，一个人最难听到的，也最需要听到的，是真话。

不是什么让我开心，我就看什么，而是什么是对的，我才应该看什么。

很多人不敢承认一点，他们很少听到其他声音，很少正本清源地去理解一件事情。

如果你想听到真话，那就往下看，而且要看完。看一半，还不如不看。

整个问题的关键点在于交易。

什么是交易？ 你情我愿，才是交易。

交易是提升双方福利的，双方都觉得对自己好，才会成交。

有人说，不对啊，我就不愿意出 4 元，我就愿意出 1 元。

你那叫讨价还价。每个买家都希望不要钱，每个卖家都希望上不封顶。但是经济学不看想法，只看行动。你希望不要钱，但是你花钱买了，就说明你是愿意的，你衡量利弊，发现这个方案是最好的。

交易不是抢劫，交易是帮助对方，还是有偿帮助。

我帮你，但是我是收费的，值不值这个价，你自己衡量。

哪怕它涨价，也并没有让你的生活更糟糕，只是多了一个选项供你选择。

比如下班路上突然下暴雨，地铁口卖雨伞的，卖 20 元一把，问你买不买。

你说："平时不都 10 元吗？ 看下雨了，你宰我，坐地起价卖 20 元是吧，真黑。"

你弄错了。

抬高价格的不是他，而是另一个和你一样下班的人，他也需要雨伞，他愿意出到 20 元。

卖家当然想卖 30 元，但之所以卖不到 30 元，是因为另一个和他一样的卖家，20 元就愿意卖给你。

供需博弈，这才决定了那把伞 20 元的价格。

更进一步，你得想一想，暴雨这个事是不是他决定的？ 如果不是，那他只是在你遇到问题的时候，多提供了一个选项。如果没有他，你只有淋雨这一条路，但现在你多了一条路，不过你可以不选。

也就是说，你的选择是有下限的，这个下限，就是先前的方案。

很多人觉得提供共享充电宝的人通过优惠抢市场，然后逼着你用，其实这是不对的。

他们完完全全没有办法强迫你。

因为共享充电宝的对手不是另一个共享充电宝，而是手机电池容量，是快充技术，是自带充电宝的习惯，是任何一个能解决电量焦虑的方案，甚至前台服务人员顺手帮忙充个电，它的客户都有可能被抢走。

你不喜欢它涨价，自己带一个充电宝就好了。难道没有它之前，你就从来不充电吗？

你觉得它涨价是道德问题，其实只是生存问题，留给它的时间不多了。

市场从不划定行业，市场只看解决方案。无论是什么形式，无非就是在解决电量痛点，而问题就在于，解决的方案是无限多的，任何一个方案的提前胜出，都会宣告共享充电宝的终结。

谁说这个世界上就一定要有共享充电宝呢？

危机感知：
执行力不够怎么办

我想学好英语，可是执行力不够。

我想搞好业绩，可是执行力不够。

我想多挣点钱，可是执行力不够。

怎么办？三个字：危机感。

执行力不够，是因为危机感不够，是因为哪怕安于现状，你也依然可以活得很好。

在一个危机感足够强的地方，是不存在执行力不够的情况的。

你去非洲大草原看看，角马被鬣狗追赶的时候，会不会说"我执行力不够，跑不起来""我得先歇会，昨晚上都没睡好"？不会的，哪怕它们三天三夜没吃东西、没睡觉，也一定会拼尽全力去跑，而且还得超常发挥，比平时都要快，才有可能躲过鬣狗。

从来没有执行力不够，所谓执行力不够，就是出于一个原因：你不执行，也可以活得很好。

尽管你对现在的生活不满意，但是你对新的东西的渴望，远远达不到让你拼命的程度。

哪些人最容易执行力不够？

年轻人。

年轻人有压力吗？ 有，但是没那么大。

刚毕业，刚工作，自己的收入养活自己，下班就回到出租屋，周末跟同事出去搓一顿，兴致来了约几个朋友组个战队。虽然钱不多，但是花的也不多，只要阈值不高，可以一直这么过得很滋润，看上去就像大学生活的延续。

不用考虑大病，不用考虑房贷，不用考虑生孩子，不用考虑奶粉钱，不用考虑父母养老，不用考虑教育问题。

即使要考虑，也远远没有到急迫的程度，所以年轻人特别容易出现挥霍青春的情况。

年轻人偶尔也想学点东西，想早起读书，想做出点什么事情，可总是坚持不下去，稍一松懈，就又躲到出租屋里玩游戏了。

一眨眼，三五年过去了，钱没挣到，经验没学到，资源也没积累。

为什么？ 因为你不努力，也不会沦落到吃不起饭，也不会沦落到去睡大街。

所以你有动力，但是没有那么强。

可如果你是个落魄的老板呢？ 做生意赔了 300 万元，每天一睁眼，就有债主咣咣敲门，孩子吓得有家不敢回。这时，你会不会觉得执行力不够？ 要不要再睡一会儿？

如果你是家里的顶梁柱呢？ 老人要看病，孩子要上学，一家老小都指望着你的收入，每个人都是你的至亲，你会不会觉得执行力不够？ 要不要再玩会儿游戏？

执行力源于压力，压力足够大，紧迫感足够强，就没有懒惰什么事了。

我们不缺道理，我们只是缺把道理印在大脑里的力量，而这个力量，就是社会的教育。

只有真正吃过亏，只有真正汲取过教训，烙印才能真正留在大脑里，你才能够真正笃信道理，摆脱懒惰。

道理我都懂，就是坚持不下去。

因为你还缺一样东西：疼。

所有爆火、所有一夜成名、所有现象级作品，
背后都是精心的策划和深刻的人性洞察。

PART 5

个人品牌：
打造 IP 的底层逻辑

入场时机：
短视频现在做晚不晚

现在做短视频晚不晚？ 这么多人都在做，这么多人都在教，那就说明它已经是红海了。

那我进去，还有机会吗？

说出这样的话，你至少犯了两个错误。一个比一个致命。

第一个错误在于：孕妇效应。

怀孕了就更容易发现孕妇，开奔驰就更容易看到奔驰，买了个路易威登就会发现满大街都是路易威登，这就是孕妇效应。因为你会不自觉地去寻找同类，然后就会觉得同类好像变多了，其实人家一直在那儿，只是你之前留意不到。

你之所以觉得做短视频的人多，是因为你想做了，你开始关注了，孕妇效应就来了。

更要命的是，孕妇效应在短视频平台又被放大了 10 倍。现实中你看东西是随机的，但是短视频不一样，它会根据你的兴趣推荐，你越喜欢看的，它推给你的就越多，最后你就会产生一个错觉，好像全世界的人都在学短视频。

这就是信息茧房，进入容易，出来难。

数据不重要，跳出数据的独立思维，才重要。

第二个错误在于：你只见树木，不见森林。

你看到的是短视频，是很多人都在学，是很多人都在教。可是你没有看到的是：任何一个产品都要讲细分的。

什么叫细分？ 比如说淘宝的衣服，无穷无尽，源源不断，你不吃不喝，从早上滑到晚上，累到你的拇指得了腱鞘炎，你都翻不到底。

但是你只要稍加几个选项，比如说男性、蓝色、小立领，XXL，500 元以上，发货地北京，你就会发现，看似海量的选项只剩下寥寥几个结果。

这就是细分。

男装和女装是不竞争的。

西装和牛仔裤是不竞争的。

流水线工厂和大师手作是不竞争的。

品类不重要，细分品类才重要。

把这个道理带到短视频，你要看的是什么？

是看你自己的行业，看你现在的同事，看你线下的竞争对手有没有在做。

你是一个会计，你是一个导游，你是一个卖海鲜的，你是一个房产销售，请问，你的线下同行都在做短视频吗？ 他们都知道怎么做吗？ 他们都做得风生水起吗？

这就是悖论，如果他们做得让你眼红，你自然就会去做，根本不需要再问这个问题。

　　而如果你需要问，就恰恰说明你周围的同行，没有一个能做起来，没有一个懂怎么做。

　　这不叫机会，还有什么叫机会？

　　这不叫入场时机，还有什么叫入场时机？

创作素材：
想象中的富二代们

有一个真相你得知道，你看到的所有富二代的视频，那些1000元一串的葡萄，30万元一次的月子中心，10亿元的豪宅，都不是富二代拍的，都是草根拍的。

富二代不是不拍这些，他们也拍，只是他们拍的东西火不了。为什么呀？

因为大家不是想看真正的富二代，而是想看自己想象中的富二代。

只有草根，才能理解草根的需求，才能拍出草根需要的作品。

你展示真实的富二代生活给他们，他们反而觉得乏味无趣，和想象的不一样，总觉得哪里有问题。

他们从来没有见过那个圈子的真实生活，想象是他们唯一的信息来源。

真实不重要，让他们觉得真实才重要，让他们觉得能共鸣才重要。

很多小说里面，一写富二代，直接就写继承几十亿元的家产，前一天还在给老婆洗脚，因为水太凉还被痛骂一顿；后一天接到陌生短信，爷爷给他留了 20 亿元，密码就是他的生日，瞬间扬眉吐气，在众人不可思议的目光中坐私人飞机去收购跨国公司。

对待当年的好兄弟，就是买一筐苹果手机，然后大家随便挑。

你可能觉得很低端（low），可作者为什么要这么写？因为只有这么写，他的受众才会共鸣。

你去讲艰苦朴素、努力奋斗，一分钱掰成两半花，受众觉得太苦、太无聊。你说有个远方的爷爷，膝下无子，临终前 20 亿元没地方放，偷偷留给你了，让你和兄弟们看着花，受众就很开心。

为什么恐怖片里的外星物种都是蜈蚣、蜘蛛、章鱼的样子？因为这些动物观众见过，你突然放一个他们没见过的，他们就没有代入感。

你穿越回汉代，跟古人说高压电很危险，他们是完全不能理解的。

恐怖片也是啊，鬼大多是人形的，从来没有一个鬼长得像刀片式服务器，因为不吓人。而且鬼还得严肃，还不能胖，你说让岳云鹏去演鬼片，一推门给你唱五环之歌，那就变成搞笑片了。因为在人们的潜意识里，胖 = 可爱，鬼 = 严肃。

这就是创作要和认知相匹配。

明白了这个，你自己就不要被幻象误导，不要真以为那是真实的世界。

就像电视剧《三十而已》，为人处世，生意合作，全都是虚构的，是迎合观众认知的；真按里面的做，是要栽大跟头的。

比如生意之所以不成，是因为包不够好；为了买包，可以把信用卡刷爆。

网上甚至有一篇文章分析：靠买包打入富太圈层换取项目合作，是否真的可行？

当然不可能了。

你缺的不是一点，是全部；是无论你补哪个地方，都一定有别的地方露馅。

一个人在自己没有见过的世界里演，一定是会漏洞百出的。

创作门槛：
短视频核心是效率

为什么长视频辛苦打造的护城河在短视频面前不堪一击？因为效率级别完全不同。

第一，先说创作端。

拍视频和写文章的一样，每长1倍，它的难度是大4倍的。写一个短篇小说很容易，500~800字的就是短篇，要想把短篇写得好，只需要你的文字和笔力好就行，你只需要在一个战术的小环节上表现不错，就可以了。但是你要写中篇小说，比如说25 000字左右的，那你讲的就是一个故事了，这就需要环环相扣、各有算计、浑然天成，你少掉任何一个小的环节，故事都不完整。

而长篇小说，讲的是一个世界，一个虚构的宏伟世界，草蛇灰线、伏脉千里，人物命运各有交织，有很多的伏笔和心路，甚至要在十几章之前就显露端倪；而命运的层层积累、人物和情节的发展、每一步的推进都要符合逻辑。也就是整个故事和情节是自动发展的，人都是活的。这种宏观上控盘的能力，才是名家的分野。

因此，不能说一部长篇小说就是短篇小说的篇幅乘以100，前者创作的难度可能比后者大了 1 万倍。视频也一样。长视频的问题就出在这儿，它的创作成本太高，创作门槛太高了，只有寥寥几个名家可以做好。那它的创作端就必然会受限，它的题材就必然会狭窄。

可是短视频不一样。短视频时长从 30 秒到几分钟的都有，两小时都精彩它可能做不到，但是几十秒精彩，是可以的。比如有些人他就会走猫步，他就会这一个，别的不会。这个东西你在长视频里是表现不出来的，是没有用的，没有人会花这么多时间去看一个动作，它的浓度不够。可是在短视频里面就可以。

也就是说，创作门槛低了之后，创作者可以指数级地增加，创造的内容可以指数级地增加。

第二，再看用户端。

这是一个信息过剩的年代，对用户来说最大的问题就是信息过剩，信息多到你一辈子不吃不喝不睡也看不完。很多时候是你终于看完了，结果发现白白浪费了两小时。

那么对用户来讲，重要的是什么？ 筛选。

你要筛选出有价值的内容，你要判断什么东西该看、什么东西不该看。可长视频的问题恰恰出在这儿，它的筛选和判断效率极度低下，因为它很长，你不看到后面不知道他好不好，可是你要看的话，时间又扔进去了，你想鉴别就得按热度、按类别、按留言自己去查、去分析，这个是非常费脑筋的。

打个比方，长视频是你想选餐馆，它告诉你厨师是几星级的，做的菜是什么样风格的，味道偏甜还是偏辣，原料是从哪儿进的，平时顾客多不多，大家评价怎么样，然后你通过这些来综合判断要不要吃。

可是短视频是直接喂你嘴里，直接让你免费试吃，不好就换，吃腻了再给你换新的。你喜欢吃什么，就多吃两口，然后它变着法子给你做；你要是不喜欢，摆摆手就行，一句话都不用说。这叫什么？ 这叫效率啊。

也就是对于短视频而言，门槛的降低使得创作端和用户端同时受益。

创作端不需要那么高的门槛，而用户端也减少了筛选成本。你仔细想想当年的博客，为什么用户数远远不及微博，就是因为门槛降低了。很多人你让他们写个几千字，他们真的写不出来，他们又不是作家，从小看着作文就头疼。可你让他们发个牢骚，写个几十字，写个评论，写个感悟，写个今天的见闻，写个让他们愤怒的事，这些他们是可以做到的。

创作者多了 N 倍，创作内容就多了 N 倍，用户的选择面也就多了 N 倍，连接和黏性也就大了 N 倍。核心是什么？ 还是效率。

品牌设计：
奢侈品全都不开心

为什么所有的奢侈品广告中的人全都是一副不开心的样子，都摆个臭脸，不知道在想什么，好像所有人都欠了他们100万元？

还有更严重的，感觉他们可能会随时抽你一巴掌。

好，为什么这些品牌的代言人都齐刷刷摆个臭脸，为什么不能微笑一下？

你说他们不需要微笑吧，也不是。你去品牌店里买东西，人家还无微不至，甚至还需要训练笑容的真实度，不发自内心地笑还不行。

那为什么唯独在广告上摆着一副臭脸？

而且还不是一个品牌这样，几乎所有的奢侈品都是这样子。我还特意查了一下是不是有什么标准，比如单价多少以上的不能笑，结果没有。那为什么他们全都板着脸？

因为奢侈品卖的，不是产品，而是共识，是基于共识的压迫感。

谁拥有了它，谁就拥有了对别人的压迫感。当所有人都接受它的压迫感时，它的共识就达到了。

你在乎那个包吗？在乎那个手表吗？在乎那个衣服吗？你不在乎。

你在乎的就是它传递出来的压迫感。

奢侈品意味着你向往的生活，意味着高高在上的俯视感，意味着深不可测的新世界。

所以高端品牌无一例外都在刻意塑造距离感，而距离感就等于贵。

这个跟见皇上是一样的道理，天子临朝，庄严肃穆，百官手持笏板，站在丹陛之下，眼观鼻、鼻对口、口问心，无奏对不能抬头，这才叫仰视，才叫深不可测。

绝对不能蹲厕所的时候，一转身说："哎，这不是皇上吗？您今儿没上朝啊？"

皇上说："哎呀，甭提了，昨晚上螃蟹吃多了，拉肚子，你还有手纸没，我手纸用完了。"

那皇上的形象就完蛋了。

朱元璋为什么要杀掉喊他小名的人？因为距离感就等于一切。你喊了皇上的小名，就等于要了皇上的命，那他就一定会要你的命。

奢侈品也是一样的，它卖的就是一种俯视感。它不是大众消费品，它不需要亲近大众；相反，它还必须刻意制造出距离感，让你得踮着脚才够得到，否则就显不出它贵。

而一旦你到了店里，你的角色就切换了。你变成了它服务的对象，你成了压迫感的主宰者，所以店员永远是笑脸相迎、无微不至，卡片上永远写着尊敬的阁下。

尽管你一出门，门口模特还是摆着一张臭脸。

这个就是形式为内容服务。

明白了这个，你再看大众消费品，品牌塑造的是亲近感，是亲近力，是物美价廉，所以它们永远都是在微笑，蜜雪冰城在微笑，58 到家在微笑，优衣库在微笑，名创优品在微笑。

有什么样的消费者，就有什么样的广告。

有什么样的目的，就有什么样的形式。

内容创作：
你的生活没有意义

　　想把短视频做好，一定记住这句话：千万别被广告语（slogan）误导。抖音的slogan是什么？ 记录美好生活。但你要是真记录了你的美好生活，那你可能会黄。因为你没明白事情的本质，同一个slogan，你从平台的角度去看和从个人的角度去看，是两个世界的。

　　先说平台。它为什么要起这个slogan，它的目的是什么？ 是击中最多的用户。而为了实现这个目的，它就必须找到一个所有人都感兴趣的东西，比如分享。它希望每个人都可以分享，每个人都可以上传自己的视频，这样它才能增加用户对平台的黏性，才能源源不断获取用户自发贡献的内容。你要知道平台本身是不生产内容的，它只是分发内容，因此它要做的就是，尽量让6亿人每天都停留在平台上。你可以看别人分享的，感受内容的快乐；你也可以分享自己的，感受被关注的快乐；把你的生活和平台绑定在一起，把你的时间和平台也绑定在一起，这个才是它要的目的。因此它才会有这一句slogan "记录美好生活"。阳光、积极、向上，击中每一个人。

可问题在于，你的生活美好吗？ 你的生活有人看吗？ 你的生活有人在意吗？ 没人在意，那就叫自嗨。你是一个普通人，就说明在生活中没人去关注你的生活，没人觉得你有多了不起，没人觉得你有什么特别的才艺和能力，你的生活平淡无奇，平淡得就像白开水一样，你发点自己的生活，那别人为什么要去看呢？ 你当然可以记录美好生活，但记录的结果，就是永远在你已有的小圈子里传播，你的二叔、三大爷、七大姑、八大姨，每人点了一个赞，完事了。外人永远不会共鸣。而如果你真的想做短视频，就必须突破已有的圈子，就不能只图自己爽，你要让你的观众爽。

你仔细想想，那些做深夜美食的人，真的是饿得不行非得吃点东西吗？ 那些做旅游视频日志（Vlog）的人，真的是哪儿也没去过，见啥都特兴奋吗？ 再直白一点，那些穿得风情万种的小姐姐，真的在生活当中也穿得风情万种吗？ 那些人能火起来，从来不是因为他们自己喜欢什么，而是他们知道，观众喜欢什么。

你觉得爽和让别人觉得爽，是两回事。如果你的立场永远是自嗨，那就永远不可能把账号做起来，没人会喜欢你平淡无奇的生活。人家明明可以看别人唱歌、跳舞，明明可以看特技炸裂的小电影，明明可以看让他笑到抽筋的搞笑剧情，他为什么要看一个陌生人白开水一样的生活呢？ 甚至有人连镜头都拿不稳，配个音乐就把视频发上来了。

你看到的所有爆火、所有一夜成名、所有现象级作品，背后都是精心的策划和深刻的人性洞察，深刻到甚至让你察觉不到它是刻意的。

如果你真的想做好短视频，就不要被 slogan 带偏了，除非你的目标客户就是七大姑八大姨。没人在乎你的生活，大家只会关心我想看到什么。做内容，永远记得，创造别人喜欢的东西。

创作技巧:
时长多久最容易火

短视频创作到底几分钟合适?

有人说新人创作应该在 30 秒之内,老人创作应该在 1~3 分钟。有人说不同的行业时间应该不一样,甚至给了你一个具体的列表。可是不好意思,直接回答的全部都是错的。

为什么? 因为他们没有回答一个根本性的问题:短视频为什么叫短视频,是因为时间短吗? 如果因为时间短就叫短视频,那优酷想超过抖音,只需要把自己的长视频截成 100 个不就行了?

我们再次思考一下长视频和短视频最关键的区别在哪里。在于 4 个字:信息密度。

今天的短视频不是时间短的视频,而是高密度视频。昨天的长视频不是时间长的视频,而是低密度的视频。短视频的核心就是信息密度高,浓缩了才有价值。没有废话、痛点密集、连环刺激,全是对用户有好处的,用户才能够看下去。

你为什么愿意花 10 元钱去买一斤苹果? 因为在你的心里,你觉得这一斤苹果比这 10 元钱要重要,你才去买。你仔细想想,你所有的购买行为不都是这样的吗？

一个东西为什么你不买？

因为你觉得亏。为什么觉得亏？

因为你觉得它不值，所以你不愿意拿钱交换。

那看短视频不也一样吗？

短视频不就是用户拿时间去换你的内容吗？你提供的内容价值点越多，信息点越多，用户的收获就越多，他们才愿意往里面持续投时间。

你为什么听有些人讲话感觉很无聊？因为信息密度太低了，明明1分钟就能够讲明白，他们讲了3小时，所以你就会觉得剩下的2小时59分毫无价值，你觉得在不停地亏，然后就会觉得特别痛苦。

短视频为什么你刷3小时没有觉得痛苦？因为你在不停地收获，人在有收获的时候是不会觉得痛苦的。

在你明白这个之后，你就会知道任何短视频，你必须提供远超3分钟的价值，观众才愿意给你3分钟。

那么短视频的重点是什么？不是时间短，而是信息密度高，几秒一个信息密度点。为什么要有一个5秒完播率？因为这就是第一个信息密度点。你5秒还没有说清楚一个点，用户就不愿意往下看了，因为后面的时间要浪费了，所以他们就会滑走视频。

一个好的短视频的结构应该是一个点一个点地连在一起的，

用户刚疲劳下一个点就接上，再疲劳下一个点又接上，这样他们才能一直看到最后。

你明白这个之后，我再问你：一个短视频合适的时间长度是多少？ 当然是看你提供了多少个信息点。你要是只提供一个信息点，那就 5 秒。比如说一个出水芙蓉的镜头，5 秒。它就只有一个信息点。你要是提供了 5 个信息点，那就是 25 秒。比如说一个人卖雨伞，有 5 个卖点，每个卖点 5 秒，加起来就是 25 秒。这才是本质。

短视频创作不提升信息密度，就永远解决不了播放量少的难题。

点赞悖论：
亲朋好友帮忙点赞

亲朋好友帮忙点赞，请问，有好处还是有坏处？

有人说有好处，有人说有坏处，有人说没影响，这三拨人都能打起来。

可你只要再多问一句："为什么？"

马上哑火。

今天我就证明一次，让你看看什么才是做短视频的真正逻辑。

思考的出发点，应该是平台利益。

平台怎么做，对自己才最有利？

先说第一个问题，如果点赞有好处，会出现什么结果？

作弊。

点赞就能增加权重、增加流量，那为什么不作弊呢？为什么不找一帮朋友拼命点呢？为什么要拼死拼活做内容呢？

那结果是什么？

是伤害那些做内容的老实人。

你是平台方，你会允许吗？

更进一步，如果普通人都可以作弊，那一定会出现专门作弊的灰色产业，专门靠点赞牟利，搞几万个账号，就吃这个利润差。

你是平台方，你会允许吗？

所以找朋友点赞，一定不会有好处。

那第二个问题，点赞会不会有坏处呢？

如果平台发现你在通过作弊点赞，就给你降权，会有什么影响？

你可能会说挺好呀，这不是打击作弊吗？

你对黑暗森林法则一无所知。

平台是有"生杀予夺"权力的，可问题是，平台是个"瞎子"。

它怎么断定你就是坏人？它怎么知道是你找人点的赞？它怎么确定不是竞争对手陷害你？

如果发现作弊就直接降权，就一定会出现新的灰色产业——点赞攻击。

当年对百度的搜索引擎优化（SEO）攻击不就是这样吗？

先攻击，然后呢，收保护费，收钱之后取消攻击，网站排名恢复。

你是平台方，你会允许吗？

那结论是什么？

清空。

找亲朋好友点赞，既不会有好的影响，也不会有坏的影响。

任何可以简单微调的参数，都是无效的。

抓大放小：
唯独缺一张系统盘

　　走进理发店的那一刻，你的发型就定下来了，无论你告诉他长一点、短一点，多一点、少一点，还是拿出一张照片让他照着剪，统统都没有用了。你觉得他剪得不好，并不是你说得不清楚，而是在框架级别上就错了。他现有水平的上限，决定了你最终发型的上限，所有看似无比细致的沟通，不过是在无效的细节上反复修正。

　　你真正该做的，是压根不该进那家理发店。

　　这就是框架的作用，世间 90% 的事情，在框架级别就已经注定了结果。

　　婚姻为什么辛苦？因为框架错了。你领证的那一刻，后半辈子就定下来了，你再好200倍，你的另一半也不会有丝毫改变。

　　短视频为什么难做？因为框架错了。你太盯着细枝末节了，每个环节都事无巨细，每个执行都尽心尽力，却在最根本的策略上出了问题。

　　你仿佛一条鱼，觉得自己已经拼尽全力了，但是在鹰看来，它不过是多挣扎了两下。

如果框架错了，奋斗就毫无价值。

记不记得那句话，为什么学了这么多知识，还是过不好这一生？

因为你生在一个知识过载的年代，知识本身不重要。知识之所以重要，是因为有一个前提 —— 你能够分辨它的价值，而这个恰恰就是框架的作用。

框架就像去盖一个楼，你去盖一个 10 层的高楼，这个时候该用什么马桶，该贴什么瓷砖，该用是落地窗还是推拉窗，统统都不重要。真正的关键是你的地基该怎么打，楼体结构是选钢混还是砖混。

有了正确的框架，才值得去完善每个细节，缺瓷砖你就买瓷砖，缺马桶你就买马桶，缺照明方案你就去找一个照明方案，缺什么补什么就好了。你干什么要成为一个照明专家？你干什么要变成一个瓷砖高手？你的精力是有限的，永远是不够用的，永远只能花在最重要的那件事情上。比如在最基础的建筑结构上，你必须比任何人都懂就够了。

可是问题是，市面上有太多的课程在教你怎么贴墙纸，怎么铺瓷砖，怎么安装照明方案，但唯独缺了一本书讲土木工程的原理。

这就导致很多人辛苦学了一大堆，似乎每个都有用，墙纸瓷砖全都准备好了，可是楼没盖起来。

做任何事情的基本方法，难道不应该是以目的为导向，再倒推操作吗？

先确定目标，然后分段拆解，然后衡量成本，再选择方案。

极度重要的地方，必须自己做的，那就自己做。

部分重要的环节，通过学习就会的，那就付费学。

完全陌生的领域，时间成本太高的，直接模块化。

你的目标是盖楼，不是去考证，你学一大堆没用的干什么？

拿来能上手，能为盖楼所用，这才是以目的为导向。

千万不要本末倒置。

永远记得，细枝末节根本不重要，你永远无须把所有东西都做好，永远也不需要成为每一个行业的专家，你只需要有一个大的框架，明白你的根本目的是什么，根据目的再反推操作，在合适的地方安上合适的模块。

就像一台计算机，最重要的是操作系统，有了操作系统，具体软件才有意义。如果缺一个杀毒软件，那就去买一个安上，没必要从零学习 C++。

太多的人搞了一大堆软件，却唯独缺了一张系统盘。

大道至简：
短板永远补不完

做短视频不要补短板，不要补短板，不要补短板。

你为什么做不起来？ 就是因为你在不停地补短板，补着补着你就会发现一个要命的问题 —— 补不完啦。

口播老师说补口播，文案老师说补文案，摄影老师说补摄影。可是你有没有想过，你为什么做现在的行业？ 不就是因为你不会口播、不会剪辑、不会文案、不会表达吗？ 你当年要是文案好，不就当作家了吗？ 你当年要是会表演，不就当演员了吗？ 你之所以做现在的行业，就是因为别的事情你都不擅长。好，你现在又把之前不擅长的事情全部补一遍，怎么可能做得起来呢？

做短视频的关键，是做减法。你得反过来想，看看哪些事情你不用做，也能干起来。这才是成败的分水岭。

上兵伐谋，打仗要靠战略。你现在学的每一个技能都是战术，都是增加单兵技能。可问题在于，单兵技能的提升是很慢的，把普通人变成特种兵可能需要 10 年，可是战场不会给你 10 年时间。指挥官永远靠战略，怎么组合调整一下，让战斗力增加 100

倍，这才是胜负的关键。

　　具体一点，你是个销售，怎么把你的销量提升 10 倍？ 有两个办法，一个是把销售技巧提升 10 倍，从头到尾学习 3 年；另外一个是找人多 10 倍的地方去卖，换个地方立竿见影，你告诉我哪个更简单？ 一定是第二个，前者叫战术，后者叫战略。我的目的是把销量提升 10 倍，哪个方法简单我就用哪个，做短视频不也是这样吗？

　　新人最忌讳的就是学习乱七八糟的技巧。既然你的目的是把流量增加 10 倍，那直接找一个关注人多 10 倍的话题不就行了？ 答案是什么？ 就是蹭热点啊。为什么蹭热点容易火？ 因为热点等于基础人群，你的热点越热，关心的人就越多，对你视频感兴趣的人就越多，播放量的上限就越大。你去讨论动体的电动力学，全世界能听懂的可能就 100 个；但如果你讲神舟飞船与载人航天，那它的观众上限就是 14 亿。所以在你提升口播、学习文案、练习表现力之前，你只需要简单去蹭一个热点，流量就会多 1 万倍。

　　明白了这个，我再问你，怎么蹭？ 比如说当年刘畊宏爆火，你该怎么去增加流量？ 非常简单，想尽一切办法往专业上去靠。你是个健身教练，你就可以讲讲刘畊宏的健身水平怎么样，身材能打多少分；你是个教唱歌的，你就讲讲刘畊宏唱歌的水平怎么样，是准专业的还是 KTV 级别的；你是个舞蹈老师，你就讲讲刘畊宏的跳舞水平怎么样，标准不标准。

你是一个发型师，你就讲讲刘畊宏的同款发型该怎么剪，多少钱能剪同款；你要是个美妆博主，你就讲讲刘畊宏是怎么保养的，比郭德纲还大一岁怎么看着那么年轻；你要是个穿搭博主，你就讲讲刘畊宏穿搭水平怎么样，全身上下值多少钱，鞋子是不是限量款；你要是一个哲学博主，你就讲讲大器晚成、后发先至，流水不争先，争的是滔滔不绝。

你要是个搞装修的，你就讲讲刘畊宏他家的装修水平怎么样，灯光和家具匹不匹配，同款装修一平米多少钱；你要是个做隔音的，你就讲讲刘畊宏怎么做到每天跳到那么晚还不扰民的；你要是个卖房子的，你就讲讲刘畊宏为什么买到了烂尾房，那个小区叫什么名，户型为什么那么奇葩，当年为什么烂尾，现在怎么又建好了，当年买多少钱，今天再买多少钱，到底是赚了还是赔了。

你看，思路是不是就打开了？

这就是 1.0，任何热点出来之后，想尽一切办法往专业上去靠。不可能找不到，天天都有热点，一定可以结合你的行业。

好，明白这个，我们再把难度增加 10 倍，讲讲 2.0。如果我没有专业能力呢？如果我没有任何特长、没有任何能力，除了吃、除了睡，什么都不会，怎么做爆款？

记好了，四个字，十条感悟。

任何一个热点出来，你给我写十条感悟就好了，比如说刘畊宏爆火，写十条感悟；口红一哥翻车，写十条感悟；董老师爆火，写十条感悟；某某甄选，写十条感悟。好，那感悟怎么写？不用写，直接找爆款短视频，点开评论区，找十条点赞最高的评论，读一遍，就好了，那就是你的十条感悟，而且是极度深刻的十条感悟。再说一遍，如果你不会写，就不要写，不要干自己不擅长的事情，用脑子、用战略，直接去爆款视频下面扒评论，十条点赞最高的评论，就是你对这个热点最深刻的十条感悟。

为什么要找？因为不擅长写，不擅长就不写。为什么去评论区找？因为评论区没有版权，几十个字没人注册版权。为什么要找点赞最多的评论？因为点赞最多等于爆款，每一句都说到大家心窝里，才能有那么多的赞。

你看，多简单，找十条爆款评论读一遍，你对这个热点的深刻解读就写好了。你告诉我，几个人能写出这样的水准？因此哪怕你表现力再差，有文案在那儿撑着，你的播放量都不会低，不比你自己在那儿苦思冥想一个星期要牛得多吗？更牛的是，它还能重复，还能零成本重复。任何热点出来，照着做就好了，多简单。

这就是战略能力、整合能力。别人种树你摘桃，反正评论没人要，也没有版权，那我就把它整合一下。从来没有人干这个事情，我干了，这个流量就是我的，这个就是动脑子来做短视频。

傻眼了吧，还能这么做？对，难道不应该这么做吗？

信任层级：
淘宝不做知识付费

淘宝做了这么多年，为什么不做知识付费？

你仔细想想，淘宝这么领先的优势，这么大的用户基数，大家去淘宝就是为了付费的，可是为什么它就是不做知识付费？

为什么淘宝的商品大多是实体，都是要和线下联系在一起的？

为什么淘宝几乎不卖私董会入会名额？几乎不卖健身课程？几乎不卖英语课程？

你说淘宝完全不做吗？它们也做了，只是这些知识付费产品后来逐渐消失在大众视野里了。

这么强的优势，当年电商行业的第一名，还花了这么多资源，为什么就是做不起来？

不仅淘宝，你看任何一个电商平台，没有把知识付费做得很成功的，为什么？

为什么大部分知识付费在短视频平台？背后的逻辑到底是什么？

有人说知识付费单价太高。可是为什么你会买一台 9000 多元的 iPhone 手机，却不会买一个 300 元的课程？

再说一遍，不能一句话说到关键点，就表示你不适合做生意。

我问你，淘宝和短视频平台的区别在哪里？

在信任层级。

在淘宝，你信任的是什么？ 是店铺，是评分，是好评率。这些是什么？ 是抽象的信任，而抽象造就的是一种低阶的信任。

而短视频是什么？ 是一种具象的信任，所谓具象，就是脸。短视频就等于脸，不露脸短视频就很难做好。用户相信的是你这张脸，是你这个有血有肉的人，具象造就的是一种高阶的信任。

不同的信任层级，对应了不同的付费程度。

所以淘宝的逻辑是只能解决标品问题，同样一个手机，哪怕售价是 9000 元，但它是标品。消费者明确地知道，我在任何地方买到的都是这个配置，我明确地知道我买的是什么，所以我只需要对比店铺评分、好评率，选一个最合适的就好。

这个情况，抽象的信任，足以应对。

而知识付费最大的问题在哪里？

它是一个非标品，你也讲认知，我也讲认知，那谁讲的才是真认知？ 每个人讲的都是不同的东西，所以消费者在买之前完全不知道买到的东西是什么样的。

一旦存在这个严重的信息差，抽象的信任就失效了，哪怕它只卖 300 元，你也不敢下单。

想解决这个问题，只有一个方式 —— 靠脸。

靠脸，靠具象的信任，靠高阶的信任。我先相信你这个人，再相信你卖的东西，我是爱屋及乌的。

越是非标品，就越需要信任前置，而这个，恰恰是淘宝很难解决的。

你在淘宝买了 10 年东西，但你可以永远不知道店主是谁。

越抽象，越是拼价格；越具象，越有超额利润。

永远记得，所有的商业行为，都在从抽象的信任往具象的信任升级；所有的购买行为，都在追求从数据信息往真实体验的无限逼近。

欢迎来到这个"看脸"的时代。

不反人性：
讲干货怎么上热门

你的短视频为什么做不起来？

因为你老想着讲干货呀。

知识博主想做爆款，有且只有一条出路——娱乐化。

他不喜欢吃蒸土豆，那你就把土豆做成薯片呀。

用娱乐精神去传播知识，把高深的知识普及化，把枯燥的内容趣味化，这才是爆款的核心密码。

看上去你是在讲猎奇，讲八卦，实际上是利用兴趣撕开防线，找到最薄弱的点攻进去，顺便把知识传播给他。

比如，古代的科举怎么防伪啊？没照片、没指纹、没人脸识别，那怎么知道是不是替考呢？古代的试卷都考什么呀？古代的准考证都什么样啊？状元的作文都写了什么啊？这是不是就击中了高考的热点？

再比如，为什么叫上厕所下厨房，而不是下厕所上厨房？既然贵客来了要上座，称呼自己用"在下"，古人显然是能分清上尊和下卑的，那为什么唯独在厕所和厨房上要反着来？这是不是就击中了大家的盲点？

再比如，17 岁就写出"昨夜雨疏风骤，浓睡不消残酒，试问卷帘人，却道海棠依旧"的李清照，年轻时的爱情故事让人羡慕，却两次婚姻不幸，甚至遇到了家暴男，令人唏嘘不已，是不是就击中了很多女性的情感痛点？

把高深的知识普及化，把枯燥的内容趣味化，这才是爆款的核心密码。

工作只是手段，

创造价值才是目的。

PART 6

未来变革：
人工智能带来的机遇

智能竞争：
谁抢走了你的工作

我们从根本上讨论一个问题。很多人经常说："人工智能（AI）抢走了我的工作。"这句话是不对的，同类才叫竞争。

AI 是什么？ AI 是工具。我们是什么？ 我们是人。

工具和工具竞争，人和人竞争，工具和人是不能竞争的。

那 AI 的竞争对手是谁？

是那些传统的工作方式，是那些传统的工具，是那些低效的软件。AI 胜出后会替代这些软件。

人和人的竞争是什么？

是那些用传统软件的人和用 AI 的人在竞争。

不是 AI 打败了你，而是会用 AI 的人打败了你。

我们讲的一个大的原则，就是长远来看，AI 的出现只会让人类生活得越来越好。同样是出现一个新事物，你以什么样的角度去看待它，你怎么去对待它，决定了你的未来。

我们经常讲不破不立。当出现一个新事物的时候，产生的除了危机，更多的是机会，更多的是如何利用这个新事物。比如同样是翻译工作，有人看到的是低端的译者会被取代，而有人看到的是懂得使用 AI 的译者，可以更有效地提升自己的生产力，用 1 天做以前 10 天才能做完的事情。比如同样是绘图设计，有人看到的是低端的设计师会被取代，而有人看到的是一个完整的设计项目过程需要在人的指引之下，才能够有效地完成目标。

AI 仅仅是个廉价的劳动力。当一个行业的低端从业者越来越少的时候，就意味着高端从业者的收入会越来越高。

我们举个例子，比如市场上原本有 100 个设计师，90 个是平庸的，10 个是顶尖的。在以前没有出现 AI 的时候，大家不得不雇用那 90 个平庸的设计师，因为成本低，有价格优势。顶尖的设计师水平虽然好，但是他的时间不够。可是出现了 AI 之后，大家发现这个问题被完美解决了。借助 AI，这些顶尖的设计师，可以把他们的时间扩大 5 倍甚至 10 倍。他们可以创造更多更有效的东西，他们的成本可以降低。这个时候你会发现，他会抢掉 40 个平庸的设计师的生意。也就是高质量的内容一旦可以高效产出，就会降维打击低质量的内容。

另外，你会发现，剩下的那 50 个平庸的设计师会被低廉的 AI 取代。因为就算他再平庸，他的收费也不会无限降低，他要养家糊口，他有各种开销，而且他的时间也有限，一天只有 24 小时。可是 AI 可以无穷无尽地工作，而且成本极低。这样大量的初创型公司就不会用这些平庸的设计师，它们能用 AI 就会尽量用 AI，那么剩下的 50 个职位也会被抢走。也就是 AI 的出现，使得这些人，既没有成本优势，又没有质量优势。

90 个职位消失了，那这些人应该去哪里？ 去市场更需要的行业。

我们经常讲价格是什么，价格就是一个信号灯，如果一个行业挣钱很难，就是市场在用隐晦的方式向你表示不要在这个地方继续做了，因为市场不需要了。

市场需要的是什么？ 是价格高的地方，因为价格高就意味着它的供应少、需求多，最后把价格抬高。价格高这个风向标会指引更多的人去做这个行业，让资源被合理分配，进入最迫切需要的地方。

所以生活在市场经济下，你一定要遵循市场的信号。不能像收费站里面那些被裁掉的阿姨说："我收了 20 年的费，我除了收费什么也不会。"这个世界上没有什么也不会。你出生的时候就是什么也不会的，你不会用筷子，你不会吃饭，你不会说话，你不会骑自行车，你不会学习，你不会穿衣服，你不会上厕所。可所有的东西不都是需要学习的吗？ 如果人世间真的有一个铁饭碗，那它应该是终身学习的能力，应该是快速学习的能力，应该是把握市场信号，市场需要什么，我就往什么地方走的能力。

你生活在市场经济下，就要遵循它的游戏规则。很多人为什么觉得这很恐怖、很难？ 因为他们从头到尾生活在一个花瓶里面，生活在一个温室里面，他们从来不知道这个社会的运转规律，他们从进公司第一天开始就没有想过我的行业什么时候消亡，我的公司什么时候倒闭，他们从头到尾就像在小学升初中，初中升高中，高中升大学一样，以为只要不停地学，就一定会不停地产生结果。

可是你要知道，你不是世界的主角，这个世界不是围绕你转的，你去适应这个社会才是它真正的规则。很多人从小到大太成功了，太像温室里的花朵了，被保护得太好了，以至于遇到一点点挫折他们就会崩溃。

善用工具：
未来 AI 世界的入口

ChatGPT 真正的价值，在于它是未来 AI 世界的入口。为什么？为什么是它？为什么是入口？我们需要先讲清楚 ChatGPT 到底是什么。

其实你仔细想想，所有的程序无非就是人机对话。以前刚出现计算机的时候，它只能理解 0 和 1，但是它非常善于运算。那这个时候你怎么告诉它，具体算什么，具体算哪个呢？你就必须去降维到它的程度，这也就是以前的机器语言。用机器能理解的方式去告诉它，你要做什么，机器只需要去执行就行了，机器没有自己的理解。可是机器语言太复杂，特别适合机器的另一面是特别反人性。因此后来出现了汇编语言，有了各种架构，也就是让机器往人这边走了一步。

后来呢，大家发现这种方式还是太麻烦了，能不能再简单点？于是有了高级语言，比如 C 语言、C++、Java、Ruby 这些，等于又往人的方向前进一步。再具体点呢？编程最开始是面向过程的。什么意思呢？比如你是一个厨师，你想做一碗面条，你就自己去磨面，自己去和面，自己去种菜，自己去炒菜，然后自己去熬卤，最后做出来一碗打卤面，所有的东西都是你自己做的，这就是面向过程。可是这样复杂度太高，人太累了，于是后来我们想，能不能把它模块化封装？ 于是，就出现了面向对象的程序设计，就像一袋方便面一样，我不需要管具体的每一步怎么做，这袋方便面里面有配好的调料包、面饼和蔬菜包，我只需要把水往里面一兑，面就做好了。这个时候对人的要求就又低了一步。你会发现所有的程序从头到尾都在向人类的习惯偏移。

那么 ChatGPT，我们可以简单理解为更高一级的人机语言，就是我让你做什么事，不再是我先学一堆乱七八糟的编程技巧，我不需要站在你的角度，我只需要告诉你做什么，你就能够理解明白我的意思，这减少了我的表达难度，增加了理解的力量。这本质上是从五笔打字到秘书写作。

以前是五笔打字让人特别崩溃。你得先记字根，可能得先背一个月。后来大家觉得太崩溃了，能不能来个智能 ABC？能不能来一个搜狗拼音？ 后来大家觉得还是不行，还是有点麻烦，能不能语音输入？ 大家发现也可以，但是后来发现语音输入还是慢，那这样的话能不能来一个人工秘书，就是我今天讲完的话，让秘书按照我喜欢的风格，给我整理、收集一下。

秘书跟了我二十年，知道我要的是什么。今天的 ChatGPT，就相当于这个贴身秘书。在你明白这个之后，你就会发现，整个事情的核心就是从机器人语言向人类语言的过渡，本质上是效率的提升，降低了沟通和学习成本，让人类可以用更少的时间做更多的事情。

这就是为什么 NVIDIA 的创始人黄仁勋说，ChatGPT 的出现是人工智能的 iPhone 时刻。以前你用的计算机，你得先学命令行；以前没有图形界面，全是发命令，大家就崩溃了。后来有了鼠标，大家发现只要点一点就能发命令了，这个叫图形化、界面化。后来大家发现鼠标也懒得学，比如你的爸爸妈妈可能就不太会用鼠标，他们不知道左键和右键怎么用。那能不能更简单？可以，直觉操作，放大缩小就是放大缩小，左滑右滑就是左滑右滑，对吗？这不就是 iPhone 吗？

发明所有东西，本质上都是减少人类的负担。能用机器做的就不要人工做，因为人类一定干不过机器，善用工具就是人和其他动物最大的区别。从长远来讲，我们人类就是现实世界和虚拟世界之间的一个接口。你想在现实世界中做什么事，那么你就告诉这个虚拟世界、告诉 AI 怎么去完成就可以了。你是负责连接这两个世界的传话者。

ChatGPT 最伟大的地方在于它消除了传话员。在以前，我们从提出目标到实现目标，就像在做一个击鼓传花的游戏，目标由这个人传给另一个人。产品经理是用户和程序员的传话人，程序员是产品经理和机器语言的传话人，机器语言是机器和程序员的传话人。传话人太多，在这个过程中就会出现大量的信息损耗，还有一些信息偏差。

你看到所有的击鼓传花游戏，哪怕传的是一句特别简单的话，到最后都会大变样。这就是现在传统模式的最大问题。而 ChatGPT 最伟大的地方就在于它有可能打透这些中间层，不需要这么多的传话人，用户可以直接告诉机器我要做什么，不用管什么产品流程、UI 设计、前后端编程；你用大白话说出来，它就给你实现，这个才是真正意义上的价值。

这个也就是我们说的未来 AI 世界的入口。就像百度虽然不能提供所有的东西，但是你需要什么在百度里面查，它就可以给你调用过来。ChatGPT 也是，你只需要和它对话就好了，它帮你和其他机器沟通。

科技的发展瞬息万变，没人保证 ChatGPT 能永远是第一，但一定是类似 ChatGPT 这样高效的人机沟通 AI 才会成为未来 AI 世界的入口。解决了人机交互最核心问题的 AI，才能成为管道。

任何入口都不可能解决所有问题，可是只有通过入口才能找到更多的钥匙，开启 AI 世界一扇又一扇的大门。

劳动效率：
AI 会导致大规模失业吗

AI会导致大规模的失业吗？ AI会降低我们的生活质量吗？那些因为 AI 而失业的人应该怎么办？ 他们的收入到底是会变高还是会变低？

关于机器是否会导致失业的讨论有很多，但是都不够深，今天我们讨论出来一个深度版的。

先讨论一个普通版 1.0 的问题，就是机器会不会导致失业。

当年亚当·斯密在《国富论》的第一章就谈到这个问题，他举了一个扣针制造的例子。一个工人，如果他不知道怎么使用制造扣针的机器，一天或许 1 枚扣针也做不出来；要做 20 枚，更是不可能的。可是通过分工协作，再加上机器之后，平摊下来，一个工人一天能做 4800 枚扣针。

我们换算一下，也就是在亚当·斯密的时代，一个工人可以干 4000 多个工人的活儿，那每多一台机器就会导致 4000 个工人失业；那这样的话，整个行业的失业率就会达到 99.9%。

1889 年韦尔斯写了一本《近来的经济变革》，书中写道：根据柏林统计局估计，1887 年在全世界投入使用的蒸汽机的动力总和，大约相当于 2 亿匹马的力量，相当于约 10 亿人的劳动力；至少是全球劳动人口力量总和的 3 倍。

可后来的结果你也看到了，100 多年过去了，生产力也比之前提高了无数倍，直到今天，人类依然有无数的工作可以做。为什么机器没有让人类无事可做呢？

这个就是我们这一节要讲的。

它错在混淆了目的和手段。

你为什么要去工作？工作到底是你的目的还是你的手段？如果只是为了提高就业率，你把效率降低一点，就可以创造无限多的机会了。比如当年弗里德曼看到有人拿铲子挖运河，但是旁边有一台挖掘机停在那儿不用，他就说为什么不用这台挖掘机呢？然后有人说这是为了创造就业机会，你用挖掘机的话，这些人不都失业了？

然后弗里德曼说了一句很经典的话，你要是为了创造就业机会，你为什么不拿勺子挖呢？

这个就是破窗理论。我们不是为了工作而工作，是为了效率而工作。这些人力、物力都可以用在更多的地方，产生更多的价值。

工作只是手段，创造价值才是目的。

具体一点，我们看当年的数据。

阿克莱特在 1760 年发明了新型棉纺机。发明问世后的第 27 个年头，议会的一项调查表明，实际从事棉纺织业的人数，从

7900 人增加到 32 万人，增加了 40 倍左右。

威廉·费尔金在《机器针织和花边织制商历史》一书中告诉我们，到了 19 世纪末，针织袜业所雇用的劳工人数，比 19 世纪初的时候反而增长了至少 100 倍。

为什么会这样呢？

我们还原一下场景：假如一个制造商发现有一台机器可以生产扣针，并且可以替代一半的人力，于是他买了这台机器，接着裁掉了一半的员工。

那这里面就涉及几个步骤。第一步，生产机器是需要人工的，但这个不是最主要的，因为生产机器的劳动量肯定会少于生产扣针的劳动量，否则它就没有经济效益可言。因此哪怕机器也需要人来生产，人的就业机会在这个时候仍然是净损失的。

但是不着急，我们看下一步。

下一步就是获得利润，就是用机器可以产生更多的利润，那么制造商拿到了更多的利润，他会怎么用这笔钱？

大概就有以下几种方式：第一种是扩大生产，就是买更多的机器，生产更多的东西；第二种是把利润投到其他行业；第三种是用于他的个人消费。也就是说，他挣到了这笔钱，无论他用在哪个方面，他间接提供的工作机会，和他削减的直接工作机会一样多。

更进一步，他赚到了钱，他就会扩张，他就会买更多的机器，进而威胁更多的同行，迫使这些竞争者也购买机器，然后就会导致生产机器的工人越来越多。

再然后呢，随着竞争的进一步加剧，机器越来越多，那么机器生产的扣针的价格就会越来越低。而价格越来越低，买它的人就会越来越多，这样市场就会出现一个爆发性的增长。

就好比手机，之前是很贵的，你可能用一年的工资也买不了一台。现在呢？其实你可能两个星期的收入就可以买一台不错的智能手机。虽然手机的价格在降低，但它的用户出现了爆发性的增长。

再进一步，所有涉及扣针的行业的产品也会降价，比如袜子，鞋子等，任何用到这个产品的地方都会逐渐便宜，然后对这些产品的需求也会得到提升。

再进一步，从消费者的角度来讲，他买的东西更便宜了。原本要花两美元买的东西，他现在只需要花一美元就可以了，那这剩下的一美元，他就可以花在别的地方，给其他行业增加就业机会。

这就是整个博弈的流程，你拉长时间轴来看，技术的发展并没有减少就业，反而增加了就业。这就是为什么19世纪末，针织业工人反而比19世纪初增长了100倍。

可是，我们讲到了现在，实际上并没有太多的新意。如果你了解过经济学，或者看过我写的其他东西，这一层你或许也能明白。

我们真正的重点是2.0，是一个更深的版本。

《美国经济评论》杂志曾经发表一篇文章，名字叫"人与机器之间的竞争：技术对增长、生产要素分配和就业的影响"，是由麻省理工学院经济学院和波士顿大学经济学院的两个教授一起撰写的，其中一个作者是被业内认为预定了诺贝尔奖的人。

在这篇文章里面，作者描述了这么一个模型，很好地解释了新旧职位此消彼长的过程。

第一步，在人工智能，也就是 AI 出现之后，第一个影响是提高了劳动生产率，减少了企业对劳动力的需求。

进一步，如果你把资本的因素也考虑进来，新的 AI 技术必然有新增资本进入，就带来了全新的工作职位，这就是 AI 的第二个影响——技术变革补充劳动力。

1980 年到 2007 年间，美国的总就业人数增长了 17.5%，其中的一半是由新职业带来的。

但是到目前为止，和 1.0 版本相比不过是换了个故事，还没有质的飞跃。

接下来才逐渐进入关键点。

这篇文章认为，企业投入资本用 AI 取代人工，为的是提高资本回报率，在企业效益提高后，剩下来没有被 AI 取代的职位，收入反而是上升的。

可这里就会有人反驳："不对，你不能看平均，AI 取代人工创造的财富，大部分流入资本家的口袋里了，而那些失去工作的人，可能永远无法适应新产生的职位，因此收入必然是下降的，这反而会加速贫富分化。"

可是作者认为，这只是第一阶段的暂时失衡，后面还有第二阶段，资本的力量会让它再次均衡。

这就是 AI 技术发展平台期。

具体过程是这样的：

资本用 AI 取代人工是有前提的，前提就是人工太贵。可一旦某个行业失业人数太多，就会压制该行业的工资，让这个行业的人工成本变得相对低廉，资本就会失去 AI 改造的动力。

于是就进入"AI 技术发展平台期"，也就是在这个时候，周边行业将出现一个完全相反的过程。

资本进入 AI 创造出的新兴行业之后，比如软件行业、游戏行业、短视频行业，因为不能立刻得到足够多的劳动力，就会放出高薪职位，用更高的价格吸引其他行业的优秀人才加入。

把人才吸引过来之后呢？ 其他行业就会空出职位，下一级的人就可以往上走，就这样一级一级地吸收劳动力。

因此，被 AI 取代的劳动力并不需要重新学习劳动技能。事实上，他们在遭遇一段时间的失业后，很快就能重新找到跟他们原来相同或相近的工作 —— 就像"美国工厂"里福耀玻璃带来的工作机会。

这就是"AI 技术发展平台期"。像排队办事一样，第一个人去 VIP 通道了，那后面每个人都可以前进一步，每个人的待遇都提高了，重新找到了自己觉得更理想的位置，最终会形成一个新的均衡，直到出现了性价比更高的 AI 技术，再把最顶尖的那帮人吸走，AI 取代人工的老故事又会循环一遍。

在这个过程当中，资本、劳动力、技术三股力量相互制约，技术跃升期和技术平台期将交替出现。

当资本的长期租金比劳动力便宜时，就是"技术跃升期"。自动化技术将迅速发展，劳动力将变得多余。这个过程会一直持续到劳动力比资本的长期租金便宜，就进入"技术平台期"，然后就这样反复前进。

也就是说，从长远来看，这个模型是非常乐观的。AI 导致的失业率的上升，只是恢复均衡过程中的阵痛。虽然 AI 取代的职位将多于 AI 创造的新职位，毕竟劳动效率提升了，但由于资本回报率的提升，企业盈利将通过其他方式惠及更多的人。

最后的结果就是，全社会总的劳动时间变少，但平均收入却上升了。

AI 到底会给我们带来什么？

六个字：少干活，多拿钱。

无法替代：
AI 无法具有的能力有哪些

·

AI 无法具有的能力有哪些？

第一，决策能力。

我们经常讲，这个世界上最大的能力是什么？ 是决策的能力。而决策的另一面，是承担风险。你会发现经常有很多专家，今天预测这个，明天预测这个，然后呢？ 没有然后了，因为他们预测，但是他们不下注啊，不下注就等于没预测。在你说了 100 个结果，可能 A 可能 B 可能 C 可能 D 之后，我就问你下不下注，下注之后错了你会怎么办？ 你不能为全部后果去负责，对吗？ 你想做个生意，那就先想清楚，敢不敢押注全副身家，赔了就赔了，赔了就从零开始。如果不能，那么你的决策就没有任何意义。决策的背后是风险，你没有独立担风险的能力，你就没有做决策的权力，而这个恰恰就是 AI 的问题。它可以帮你提出很多建议，它却唯独没有办法帮你承担风险。它算得很精准，35% 应该做，15% 应该慎重考虑，剩下 50% 是不应该，有意义吗？ 没意义，因为下注的是你呀。对于决策者来讲，真正的风险在你身上，所有的问题都是你的问题。就好像一个皇帝，他有 100 个大臣给了 100 个建议，他可以随意采纳，但是你做出任何的决策，最后的结果都由你自己承担。对了，子孙富贵。错了，人头落地。另外，你要知道，AI 计算再精准，也无法改变混沌世界的概率，最终决定的那个按钮是要你自己来按的。有人还问，AI 能不能买彩票？你觉得呢？可有意思的是，居然真的有一帮人觉得这是个发财的机会，短视频上还有一些博主专门做视频，说用 AI 买彩票赚 300 万元，然后很快有了几万粉丝，这背后就是无知。

第二，价值判断。

AI 可以给你提供很多的事实判断，它却唯独没有办法提供价值判断。也就是你问它这个概率是多少，它可以算出来；你问它觉得 A 和 B 哪个更好，它可以算出来；可是你给它两个价值观不同的观点，问它哪个是对哪个是错，它就没有办法回答你了，因为 AI 是没有价值观念的，价值是人赋予的。如果你自己缺失价值判断，那么再好的 AI 都没有办法帮你实现。可大部分人的问题就在这里。为什么总有人读书万卷却一事无成？因为他们只有碎片，没有框架；只有细节，没有整体；只有数量，没有对错。他们在不停地读书，唯独不知道什么是对、什么是错。你读的书越多，你会发现矛盾的地方就越多。有人说，己所不欲勿施于人，有人说以其人之道还治其人之身。有人说以德报怨，有人反问何以报德。有人说要坚持自己的想法，有人说要多听大家的意见。有人说上清华北大不如胆子大，有人说永远不要干让自己倾家荡产的事儿。同样一个事情到底是对还是错，什么时候应该采用这个，什么时候应该采用另外一个，采用对了你会受益，采用错了你会承担结果，敢不敢为它去下注，这就是人类最重要的价值判断。

第三，冒险精神。

AI 是机器，AI 是计算，AI 是理性。可是 AI 唯独缺乏的是感性，是冒险精神，是那些不确定性中的试错。而这种感性的东西是我们人类独有的。这个事情的成功率是 1%，要做还是不要做？理性的角度告诉你不要做，而在感性的角度并不是这样的。世界上有很多的企业家，为未来 1% 的可能性拼尽了努力，这不就是我们今天讲的企业家的冒险精神吗？

冒险精神不是以概率来判断，背后追寻的是人的意义和价值观。你可以消灭我的肉体，但是你没有办法打败我的灵魂。这种冒险精神，恰恰是 AI 没有的。

精神是不可以用理性去解释的。很多时候改变这个世界的伟大的商业模式都诞生于一些微不足道的、看似随时会熄灭的小火苗。可正是有人类的冒险精神和企业家的执着，才有了今天。

跳出规则：
人类碾压 AI 的三种能力

我们经常在思考一类问题：人类和 AI 的本质区别是什么？人类有什么能力远在 AI 之上？

回答这个问题之前，我们先要知道 AI 的本质是什么。五个字：廉价劳动力。

请记住一句话：任何一件可以总结成算法去做的事，人类一定干不过计算机。

AI 就是廉价劳动力。

在你明白这个之后，你再去看，AI 可以写文章，可以搞编程，但是你要知道这些东西对一个人来说几乎毫无价值，因为人真正能做到且只能做到一件事情，就是判断，就是你敢不敢去判断对错，敢不敢为你的判断去负责，除此之外都不重要。比如你的职业、你定居的城市、你的另一半、你的人生目标、你的未来规划，所有都需要判断，都是在不确定中寻找确定性。能明辨是非的才是真正的知识，否则你做得再精准，都不过是在成功概率的小数点后面缝缝补补。

我们举个例子：AI 可以写一个还不错的程序，可是更重要的是为什么要写这个程序？ AI 可以写一篇能获奖的文章，可是更重要的是为什么要写这篇文章？ 我们经常说，把试卷答到满分，只能算二流的学生；敢质疑老师、提出错误的才算一流的人才。这种质疑就是全局视角，就是跳出规则，再重新去审视规则本身。

有哪些能力可以让你跳出规则？ 我们总结了三项，正是人类碾压 AI 的地方。

第一项，是降噪能力。

AI 最大的问题是什么？ 是它不可以降噪，它没有办法识别原始数据的真假。你问它这个世界的真相是什么，它是回答不了的，因为它接触到的 99% 的信息都是错误的，都是偏差的，都是被污染的。不解决信息的纯度问题，信息的数量多 1 万倍也没有用。输入都是错的，怎么可能得出正确的结论？ 而输入这个事情，归根到底还是由人来解决的。AI 再厉害，能做的也只是在虚拟世界里面不停地吸收信息。它不能够突破虚拟世界，不能进入现实中，它只能吸收数字信号。可能有一万个专家告诉它，如果你这么做，就可以得到这么一个结果；可是如果它不在真实的世界中做实验，它就永远无法从最底层去判断这个东西到底是对还是错，是真还是假。当它没有办法去接触真实的世界时，它的信息源就不可能被降噪。这个就是我们说的，绝知此事要躬行，这个才是判断力的基础。深入到一线去摸索，去感受，去体会，而这些是 AI 做不到的。

我们举一个最简单的例子：同一个经济体，有人说通胀，有人说通缩，有人还举出六七条告诉你真的通缩了。你把这些信息输入 AI，它就只能告诉你通缩了要如何应对。可是你自己问自己一个问题——"票子"是不是变"毛"了 [①]，不就好了吗？你在淘宝里买过的东西，你再看它过去是不是比你今天买更便宜；你去门口吃一个大排档的面，过两天老板说涨了 5 元；你充值了 500 元的足疗卡，再去的时候老板说我们提价了，这些东西才是真实的一线数据，才是经过降噪后的精准信息。而精准度，恰恰是 AI 无法提升的。

第二项，是战略能力。

AI 拥有的是什么？是战术能力，你告诉它任何一件事情它都可以做好。可是这个世界上最重要的是战略能力，它不是把每一件事情都做好的能力。这个世界上从来不缺做好事情的人，而缺乏那些有战略能力的战略家。比如刘强东，最开始大家都反对自建物流，但是刘强东说我们必须建，这个就是未来的竞争力。比如黄仁勋说，永远不要去管你的竞争对手，你要做的永远是不停地迭代，让明年比今年强一倍，永远这么去做，不要去管用户需不需要，不要管用户怎么说，因为用户看不了那么长，因为用户对你到底要什么一无所知。再比如乔布斯，他需要去调查你需要什么样的手机，是诺基亚还是摩托罗拉吗？

---

① 指货币的购买力下降了。——编者注

不用的，他直接做出来一个给你，问你是问不出来的，因为你没有达到他的层次，你不能够理解他说的东西的含义。他做好，你直接买就好了。这就是战略能力。

当年有一个例子就是电视。长虹是做电视的，它当年在选择液晶还是背投的战略决策点上选了背投，这个决策是决策层整体做出的集体决策。可是不好意思，这个决策错了。在一个决策错了之后，不管长虹的员工有多努力，不管技术主管有多厉害，不管销售经理的销售能力有多强，不管中层管理者有多拼命，统统没有用了。创维、康佳、海信超过长虹，并不是因为它们某个环节的执行力特别强，而是因为战略级别没跑偏。这个战略才是人世间最重要的能力。对一个公司是这样，对一个人还是这样。

AI 的问题在于它没有办法去给你定战略，因为它没有权力按下那个按钮。它给你按错了怎么办？把自己格式化赔偿你吗？

第三项，是元思考的能力。

我们经常讲，这个世界上最重要的是第 0 步。不要上来就开始做，而要退后一步想想，为什么这么去做？比如你去问 AI，我要如何提升用户满意度，他会告诉你好几条。可是只有第 0 步才会告诉你，为什么要提升满意度，还是说不满意就不满意，我做东西不是为了让你满意，这个满意的事情在我的整个生意中不具有最高权重。这个才是第 0 步。再比如你去问 AI，我要如何加强时间管理，让我的时间更多一点，他一定会告诉你十来个软件，告诉你好几条，可是只有第 0 步才会告诉你为什么要加强时间管理。时间不够根本不是时间的问题，而是你的权重不明的问题，你觉得所有的事情都需要做吗？所有的东西永远都做不完。你的带宽不够，不是因为带宽慢；你的硬盘存储量不够，不是因为硬盘存储量小。不管带宽、硬盘存储量有多大，你都永远可以把它占满。因为这个权重一旦被放大，原本不重要的东西就变得重要了，这才是根本性的原因。这就是我们反复说的第 0 步。

当年马斯克在做真空胶囊高铁的时候也用到了第 0 步。如果用传统的思维去设计火车，很多人就会在现有的功能上去改进，比如让动力更强，让流体力学的计算更精准。可是如果你回归到本质，无非就是从 A 到 B，那么既然是从 A 到 B，为什么一定要通过牵引力才能实现呢？于是就产生了真空胶囊，高铁采用磁悬浮加低真空的模式来实现动力。AI 可以告诉你执行环节的第 1、第 2、第 3、第 4 步，唯独没有办法告诉你第 0 步。

熵增定律：
AI 无法像人类一样自主进化

经常有人提出一个问题：AI 如果那么牛，那么以后我们能不能什么都不做，把所有的事情都交给 AI，可以坐享其成，让它们自己进化，进化得特别牛，来养活我们？

请问能不能实现？有人说可以，有人说不行。你觉得呢？

回答这个问题之前，我们要抛开细枝末节，从一个基本的定理讲起，这个定理叫热力学第二定律。什么意思呢？它说的是一个封闭的系统中，熵一定是不减少的。

什么意思？熵是什么？熵就是混乱度。就好像一个房子年久失修，那里面就会越来越破，越来越乱。就好像你的卧室，如果长时间不打理，东西一定是乱成一团的，枕巾到处丢，地板上都是袜子。要改变这个混乱度需要什么？需要输入能量，需要通过外部系统去输入能量，比如你找一个清洁工阿姨给你打扫两小时，东西就能变得整整齐齐，这时熵才会减少。

这是一个基础的定律，任何人都不可以违反。整个宇宙都遵循这个熵增定律。生命以负熵为食，就是在有限的范围之内你的熵是减少的，但是长期来看，这个世界的混乱度一定是在不停地增加的，因为它没有外界的能量输入。

记住这两个概念，一个叫封闭系统，另一个叫熵增定律。

在你明白这些之后，你再看 AI 是什么？ AI 是影射现实世界的一个封闭系统。它所有的东西都是人类给它设置好的。它所有的东西都是在自行运行的。那这样的结果是什么？ 它不可能自发地产生能量，它不可能自发地去减熵。换句话说，它不可能自发进化。

信息和有效信息就是一个封闭系统，它可以不停地产生信息，但是它的有效信息始终就那么多，因为它没有能量输入。因此，如果你觉得 AI 就是把计算机放到一个黑盒里面，然后这个黑盒就可以自己去研发创新、充满想象力，然后指导出各种东西去服务你，这个是不可能的。

热力学第二定律，绝对不允许无中生有的减熵。不管你的机房有多强大，不管你的算力有多强，不管你的代码有多少，不管你的愿景有多伟大，你都不能违背这个定律。这就像能量守恒一样，不管你的模型有多巧妙，不管你设计得有多厉害，不管你花的时间有多少，不管你投的资金有多少，你都不可能制造出永动机。

在你明白这个之后，你就会明白 AI 本身是无法自发进化的，没有外界能量输入，就违背了最基本的熵增定律。

你觉得这个系统做得好，你觉得这个 AI 特别牛，实际是 AI 的程序员特别牛，他给你输入的源代码特别牛。你觉得是阿尔法围棋打败了李世石，实际是阿尔法围棋的程序员打败了李世石，实际上是这个人打败了另外一个人。你看上去觉得 AI 可以源源不断地产生各种各样的内容，但这些内容无非就是在已经设定的范围之内去无限地重复，它缺乏最核心的那个根本的源代码。

这也就像你玩的所有游戏，程序员设计任何一个游戏，都可以把这个游戏设计成 1000 关、1 万关，或者让你无休止玩下去。可你只要一直玩，就会觉得厌烦，因为看上去好像是不同关卡，但好像又都是一个样子的。这是因为它的源代码、它的有效信息被锁定了。

其实 AI 在不停地发展，它增加的只是它的信息量，而不是有效信息量；它增加的是它的数据量，而不是它的源代码。封闭系统最大的问题就在于它不可能修改自己的源代码，因为没有外界能量。

有人问："怎么能没有外界能量呢？不是给它插电了吗，电压 220 伏呢。"你知不知道把能量转化为智慧，需要的能量有多大？需要的时间有多久？太阳照射地球 46 亿年，以每秒 426 万吨的核聚变转换率释放能量，等同于每秒 3.846×10^{26} 瓦特，才把一堆岩石打造成甲烷气体，然后才诞生了单细胞、多细胞。约 25 亿年前出现真核，约 15 亿年前出现多细胞，约 5 亿年前寒武纪爆发，原因尚未解明，直到约 600 万年前才出现人类。而这其中每一步概率之低都堪称奇迹，以至于不停地有神创论跳出来。你给 AI 插上电源，用 0.45 元一度的电费，插几年硅基生命就诞生了？

省省电费吧。永远记得，熵，永不减少。